【课堂举例】——用衰减贴图制作墙壁材质　　　　　　　　　【课堂练习】——用 VRayMtl 制作毛巾材质

【课堂练习】——用标准材质制作草地　　　　　　　　　【课堂练习】——用噪波贴图制作椅子绒布材质

课后练习 1——客厅台灯灯光　　　　　　　　　　　　课后练习 2——休闲室夜景

课堂举例——用 VRay 光源模拟落地灯照明

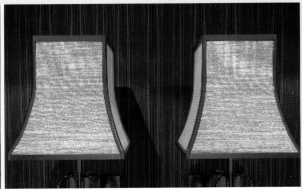

课堂举例——用目标灯光制作壁灯

课堂举例——用目标平行光制作阴影场景

课堂举例——用目标摄影机制作花丛景深

课堂练习——测试 VRay 物理像机的光圈系数

课堂练习——用 VRay 太阳模拟日光照射效果

课堂练习——用泛光灯制作烛光

课堂练习——用自由灯光制作台灯

【课后练习】——对齐办公椅

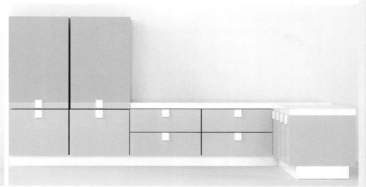

【课堂举例】——制作一个变形茶壶

【课堂练习】——创建椅子副本对象

【课后习题1】——制作简约橱柜

【课后习题2】——制作洗手池

【课堂举例】——用车削修改器制作台灯   【课堂举例】——用多边形工具制作浴巾架

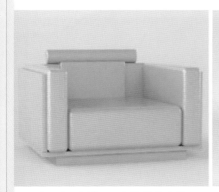

【课堂举例】——制作单人沙发

【课堂举例】——制作简约边几

【课堂举例】——制作中式椅子

【课堂练习】——用多边形工具制作欧式床头柜

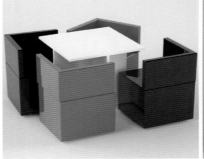

【课堂练习】——制作餐桌椅

【课堂练习】——制作罗马柱

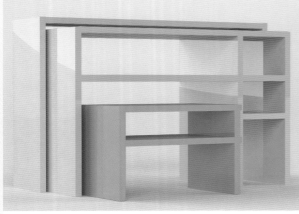

【课堂练习】——制作书桌

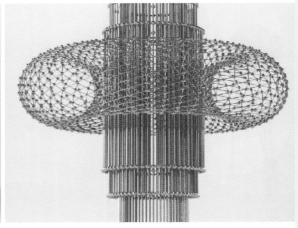

【课堂练习】——制作水晶吊灯

【课后练习1】——用 VRayMtl 制作玻璃材质

【课后练习2】——用平铺贴图制作地面材质

【课堂举例】——用 VRayMtl 制作地板材质

【课堂举例】——用标准材质制作发光效果

课后习题 1——更衣室日光效果

课后习题 2——客房夜景效果

课堂举例——餐厅夜景表现

课堂练习——客厅日光效果

课后习题 1——使用照片滤镜统一画面色调（后）

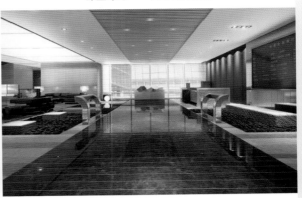

课后习题 2——使用色相制作四季效果（后）

课堂举例——使用 USM 锐化调整图像的清晰度（后）

课堂举例——使用滤色调整图像过暗的区域（后）

课堂举例——使用曲线调整图像的亮度（后）

课堂举例——使用色阶调整图像的层次感（后）

课堂举例——使用色相饱和度调整图像的色彩（后）

课堂举例——使用正片叠底调整过亮的图像（后）

课堂举例——添加室外环境（后）

课堂举例——使用自动颜色调整图像的色彩（后）

3ds Max+VRay

6

课堂练习——合成体积光（后）

课堂练习——使用亮度对比度调整图像的亮度（后）

课堂练习——使用叠加添加光晕光效（后）

课堂练习——使用曲线调整图像的层次感（后）

课堂练习——使用智能色彩还原调整图像的色彩（后）

课堂练习——使用自动修缮调整图像的清晰度（后）

8.1 简约卧室的柔和阳光表现

8.2 电梯厅的夜晚灯光表现

课后练习 1——现代卧室朦胧日景效果

课后练习 2——接待室日光表现

课堂练习 2——办公室自然光表现

课堂练习 1——中式卧室日景效果

21世纪高等职业教育建筑装饰与环境艺术规划教材

○ 郑玉金 主编 ○

张婷 王磊 副主编

3ds Max+VRay
建筑效果图制作教程

+ Environmental Art

人民邮电出版社

北京

图书在版编目（ＣＩＰ）数据

3ds Max+VRay建筑效果图制作教程 / 郑玉金主编
. — 北京：人民邮电出版社，2013.6（2020.7 重印）
21世纪高等职业教育建筑装饰与环境艺术规划教材
ISBN 978-7-115-30768-2

Ⅰ．①3… Ⅱ．①郑… Ⅲ．①建筑设计—计算机辅助
设计—三维动画软件—高等学校—教材 Ⅳ．①TU201.4

中国版本图书馆CIP数据核字(2013)第015984号

内 容 提 要

本书以室内效果图制作的基本流程为主线，以中文版 3ds Max 2012 和 VRay 2.0 为制作工具，详细介绍了室内效果图制作的基础知识、3ds Max 基本操作方法、建模技术、材质与贴图、灯光与摄影机、VRay 渲染参数、Photoshop 后期处理技法和商业效果图制作实训。

3ds Max 和 VRay 是当前最主流的室内效果图制作软件，是学习室内效果图制作的必修课程。本书结合实际应用，对 3ds Max 和 VRay 最常用的制作功能进行深入讲解，并配合适当的课堂举例、课堂练习和课后习题，让读者通过实例巩固技术，同时又学以致用。

本书适合作为高等院校环境艺术设计、建筑装饰工程技术、室内设计技术等专业效果图制作课程的教材，也可以作为相关人员的参考用书。

21 世纪高等职业教育建筑装饰与环境艺术规划教材

3ds Max+VRay 建筑效果图制作教程

◆ 主　　编　郑玉金

　副主编　张　婷　王　磊

　责任编辑　桑　珊

◆ 人民邮电出版社出版发行　　北京市丰台区成寿寺路 11 号
　邮编　100164　电子邮件　315@ptpress.com.cn
　网址　http://www.ptpress.com.cn
　中国铁道出版社印刷厂印刷

◆ 开本：787×1092　1/16　　　彩插：4
　印张：17.75　　　　　　　　2013 年 6 月第 1 版
　字数：443 千字　　　　　　　2020 年 7 月北京第 3 次印刷

ISBN 978-7-115-30768-2

定价：49.00 元（附光盘）

读者服务热线：(010)81055256　印装质量热线：(010)81055316
反盗版热线：(010)81055315
广告经营许可证：京东市监广登字20170147号

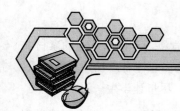

　　3ds Max 是世界顶级的三维制作软件之一，其功能非常强大，从诞生以来就一直受到 CG 艺术家的喜爱。在模型塑造、场景渲染、动画及特效制作等方面，3ds Max 都能制作出高品质的对象。这也使其在室内设计、建筑表现、影视与游戏制作等领域中占据领导地位，成为全球最受欢迎的三维制作软件。

　　目前，我国很多院校和培训机构的艺术专业都将 3ds Max 作为一门重要的专业课程。为了帮助院校和培训机构的教师比较全面、系统地讲解这门课，使学生能够熟练地使用 3ds Max 进行效果图制作，我们特地组织相关专业老师编写了这本教材。

　　我们对本书的编写体系做了精心的设计，并按照"功能解析→课堂举例→课堂练习→课后练习"这一思路进行编排。通过"功能解析"使学生熟悉软件的操作方法，通过"课堂举例"告诉学生如何进行项目实践，通过"课堂练习"让学生自己动手、巩固所学，而"课后练习"主要是拓展训练，同时也使学生能进一步巩固所学的知识。

　　在内容编写方面，我们力求通俗易懂，细致全面；在文字叙述方面，我们注意言简意赅、突出重点；在案例选取方面，我们强调案例的针对性和实用性。

　　为了让学生学到更多的知识和技术，我们在编排本书的时候专门设计了很多"技巧与提示"和"知识点"。千万不要跳读这些"小东西"，它们会给学习者带来意外的收获。

　　本书共分 8 章，具体内容介绍如下。

　　第 1 章是"效果图制作的基础知识"，主要介绍效果图的一些基础知识，包括效果图用光、用色和构图，以及人体工程学等。

　　第 2 章是"3ds Max 基本操作方法"，主要介绍 3ds Max 一些重要的基础知识，包括用户界面构成以及各种常用工具的使用方法。这是学习 3ds Max 软件技能的必备基础。

　　第 3 章是"建模技术"，主要介绍 3ds Max 的常用建模工具。这些工具是必须要掌握的建模技能，熟练掌握这些技能，就能胜任一般效果图制作的建模工作。

　　第 4 章是"材质与贴图"，主要介绍常用材质与贴图的使用方法。

　　第 5 章是"灯光与摄影机"，主要介绍 3ds Max 和 VRay 中的各种灯光和摄影机的用法。

　　第 6 章是"VRay 渲染参数"，主要介绍 VRay 的渲染参数设置。这是渲染技术非常重要的一个板块。

　　第 7 章是"Photoshop 后期处理技法"，主要介绍 Photoshop 的后期处理技法。

　　第 8 章是"商业效果图制作实训"，列举了 4 个不同风格的大型案例，完整介绍了商业室内效果图的制作流程，包括建模、配置摄影机、设置灯光和材质、渲染输出，以及 Photoshop 后期处理。

另外，本书还附带一张光盘，内容包括本书所有课堂举例、课堂练习和课后练习的素材文件和案例文件。同时，为了方便学生学习，本书还配备了所有案例的多媒体有声视频教学录像。这些录像也是我们请专业人员录制的，详细记录了每一个操作步骤，尽量让学生一看就懂。

本书由郑玉金主编，张婷、王磊任副主编，参与本书编写的还有赖恩和。如果在阅读过程中遇到任何与本书相关的技术问题，请发邮件至 iTimes@126.com，我们将尽力解答。

由于编者水平有限，书中难免存在不足之处，敬请广大读者批评指正。

编　者

2012 年 8 月

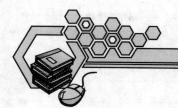

目 录

第 1 章

效果图制作的基础知识 ·················· 1

1.1 光 ··· 1
   1.1.1 光与色 ························· 1
   1.1.2 光与影 ························· 3
   1.1.3 光与景 ······················ 10

1.2 摄影构图 ······························ 12
   1.2.1 摄影基础知识 ·············· 12
   1.2.2 构图要素 ···················· 13
   1.2.3 摄影技巧 ···················· 16

1.3 室内色彩学 ··························· 16
   1.3.1 室内色彩的基本要求 ······ 16
   1.3.2 色彩与心理 ················· 18

1.4 风格 ···································· 18
   1.4.1 中式风格 ···················· 18
   1.4.2 欧式古典风格 ·············· 19
   1.4.3 田园风格 ···················· 19
   1.4.4 乡村风格 ···················· 19
   1.4.5 现代风格 ···················· 19

1.5 室内人体工程学 ····················· 20
   1.5.1 概论 ·························· 20
   1.5.2 作用 ·························· 20
   1.5.3 环境心理学与室内设计 ···· 20

1.6 本章小结 ······························ 21

第 2 章

3ds Max 基本操作方法 ················· 22

2.1 3ds Max 2012 的应用领域 ·········· 22

2.2 3ds Max 2012 的工作界面 ·········· 23

2.2.1 标题栏 ······················· 25
2.2.2 菜单栏 ······················· 27
2.2.3 主工具栏 ···················· 31
2.2.4 视口区域 ···················· 42
2.2.5 命令面板 ···················· 44
2.2.6 时间尺 ······················· 46
2.2.7 状态栏 ······················· 47
2.2.8 时间控制按钮 ··············· 47
2.2.9 视图导航控制按钮 ·········· 47
【课堂举例】——制作一个变形茶壶 ·· 49
【课堂练习】——创建椅子副本对象 ·· 50

2.3 本章小结 ······························ 50
【课后练习】——对齐办公椅 ·········· 50

第 3 章

建模技术 ································· 51

3.1 建模常识 ······························ 51
   3.1.1 建模思路分析 ·············· 51
   3.1.2 参数化对象与可编辑对象 ·· 52
   3.1.3 建模的常用方法 ··········· 53

3.2 创建标准基本体 ····················· 56
   3.2.1 长方体 ······················· 56
   3.2.2 圆锥体 ······················· 56
   3.2.3 球体 ·························· 57
   3.2.4 几何球体 ···················· 57
   3.2.5 圆柱体 ······················· 58
   3.2.6 管状体 ······················· 58
   3.2.7 圆环 ·························· 59
   3.2.8 四棱锥 ······················· 59
   3.2.9 茶壶 ·························· 59

3.2.10 平面 ……………………………………60

【课堂举例】——制作简约边几 ……61

【课堂练习】——制作书桌 ……………63

3.3 创建扩展基本体 ………………………63

3.3.1 异面体 ……………………………………64

3.3.2 切角长方体 …………………………65

3.3.3 切角圆柱体 …………………………65

【课堂举例】——制作单人沙发 ……65

【课堂练习】——制作餐桌椅 …………69

3.4 创建复合对象 …………………………70

3.4.1 图形合并 …………………………………70

3.4.2 布尔 ……………………………………70

3.4.3 放样 ……………………………………71

3.5 创建二维图形 …………………………72

3.5.1 线 ………………………………………72

3.5.2 文本 ……………………………………73

【课堂举例】——制作中式椅子 ……73

【课堂练习】——制作罗马柱 …………75

3.6 利用修改器创建模型 …………………75

3.6.1 什么是修改器 …………………………75

3.6.2 给对象加载修改器的方法 …………76

3.6.3 修改器的种类 …………………………76

3.7 常用修改器 ……………………………77

3.7.1 挤出修改器 …………………………77

3.7.2 倒角修改器 …………………………78

3.7.3 车削修改器 …………………………79

3.7.4 弯曲修改器 …………………………80

【课堂举例】——
用车削修改器制作台灯 …………………80

【课堂练习】——制作水晶吊灯 ……82

3.8 多边形建模 ……………………………82

3.8.1 塌陷多边形对象 ……………………82

3.8.2 编辑多边形对象 ……………………83

【课堂举例】——
用多边形工具制作浴巾架 …………………93

【课堂练习】——
用多边形工具制作欧式床头柜 ……96

3.9 本章小结 ………………………………96

【课后习题1】——制作简约橱柜 ……97

【课后习题2】——制作洗手池 ……97

第4章

材质与贴图 …………………………………98

4.1 材质概述 ………………………………98

4.1.1 什么是材质 …………………………98

4.1.2 材质的制作流程 ……………………98

4.2 3ds Max 材质 …………………………99

4.2.1 材质编辑器 …………………………99

4.2.2 材质类型 ……………………………106

4.2.3 常用材质 ……………………………107

【课堂举例】——
用标准材质制作发光效果 …………109

【课堂练习】——
用标准材质制作草地 …………………110

4.3 3ds Max 贴图 …………………………110

4.3.1 什么是贴图 …………………………110

4.3.2 贴图类型 ……………………………111

4.3.3 常用贴图 ……………………………114

【课堂举例】——
用衰减贴图制作墙壁材质 …………121

【课堂练习】——
用噪波贴图制作椅子绒布材质 ……122

4.4 VRay 常用材质与程序贴图 …………122

4.4.1 VRayMtl 材质 ……………………122

4.4.2 VRay 双面材质 …………………127

4.4.3 VRay 灯光材质 …………………128

4.4.4 VRay 材质包裹器 ………………129

4.4.5 VRay 混合材质 …………………129

4.4.6 VRay 快速 SSS …………………130

4.4.7 VRay 替代材质 …………………131

4.4.8 VRay 的程序贴图 ………………132

【课堂举例】——
用 VRayMtl 制作地板材质 …………136

【课堂练习】——
用 VRayMtl 制作毛巾材质 …………138

4.5 本章小结 ………………………………138

【课后练习1】——
用 VRayMtl 制作玻璃材质 …………139

【课后练习2】——
    用平铺贴图制作地面材质 ·············139

第5章

灯光与摄影机 ·························140
5.1 初识灯光 ·····························140
   5.1.1 灯光的功能 ·····················140
   5.1.2 3ds Max 中的灯光 ···········140
5.2 光度学灯光 ·························141
   5.2.1 目标灯光 ·······················141
   5.2.2 自由灯光 ·······················145
   5.2.3 mr Sky 门户 ··················145
   【课堂举例】——用目标灯光制作壁灯 ···145
   【课堂练习】——用自由灯光制作台灯 ···148
5.3 标准灯光 ·····························148
   5.3.1 目标聚光灯 ···················148
   5.3.2 自由聚光灯 ···················151
   5.3.3 目标平行光 ···················151
   5.3.4 自由平行光 ···················152
   5.3.5 泛光灯 ·························152
   5.3.6 天光 ···························152
   5.3.7 mr 区域泛光灯 ···············153
   5.3.8 mr 区域聚光灯 ···············154
   【课堂举例】——
    用目标平行光制作阴影场景 ·········154
   【课堂练习】——用泛光灯制作烛光 ···157
5.4 VRay 灯光 ·························157
   5.4.1 VRay 光源 ···················158
   5.4.2 VRay 太阳 ···················161
   5.4.3 VRay 天空 ···················163
   【课堂举例】——
    用 VRay 光源模拟落地灯照明 ·······164
   【课堂练习】——
    用 VRay 太阳模拟日光照射效果 ·····166
5.5 摄影机 ·····························167
   5.5.1 目标摄影机 ···················167
   5.5.2 VRay 物理像机 ···············172
   【课堂举例】——
    用目标摄影机制作花丛景深 ·········177

【课堂练习】——
    测试 VRay 物理像机的光圈系数 ·····180
5.6 本章小结 ·························180
   【课后练习1】——客厅台灯灯光 ·····180
   【课后练习2】——休闲室夜景 ·······181

第6章

VRay 渲染参数 ···················182
6.1 渲染的基础知识 ·················182
   6.1.1 渲染器的类型 ···············182
   6.1.2 渲染工具 ·····················183
6.2 默认扫描线渲染器 ·············185
6.3 VRay 渲染器 ·····················186
   6.3.1 VR_基项 ·····················187
   6.3.2 VR_间接照明 ···············197
   6.3.3 VR_设置 ·····················209
   【课堂举例】——餐厅夜景表现 ·······212
   【课堂练习】——客厅日光效果 ·······214
6.4 本章小结 ·························215
   【课后习题1】——更衣室日光效果 ···215
   【课后习题2】——客房夜景效果 ·····216

第7章

Photoshop 后期处理技法 ·······217
7.1 调整亮度 ·························217
   【课堂举例】——
    使用曲调整图像的亮度 ···········217
   【课堂练习】——
    使用亮/对比度调整图像的亮度 ·····220
7.2 调整画面层次 ···················220
   【课堂举例】——
    使用色阶调整图像的层次感 ·········220
   【课堂练习】——
    使用曲线调整图像的层次感 ·········221
7.3 调整图像清晰度 ·················222
   【课堂举例】——
    使用 USM 锐化调整图像的清晰度 ···222
   【课堂练习】——
    使用自动修缮调整图像的清晰度 ·····223

7.4 调整画面色彩 ·············· 223

【课堂举例】——

使用自动颜色调整图像的色彩 ···· 223

【课堂举例】——

使用色相/饱和度调整图像的色彩 ·· 224

【课堂练习】——

使用智能色彩还原调整图像的色彩 ·· 225

7.5 用混合模式调整画面 ······ 226

【课堂举例】——

使用正片叠底调整过亮的图像 ···· 226

【课堂举例】——

使用滤色调整图像过暗的区域 ···· 227

【课堂练习】——

使用叠加添加光晕光效 ·········· 228

7.6 添加环境 ················ 228

【课堂举例】——添加室外环境 ·· 228

【课堂练习】——合成体积光 ···· 230

7.7 本章小结 ················ 230

【课后习题1】——

使用照片滤镜统一画面色调 ······ 230

【课后习题2】——

使用色相制作四季效果 ·········· 231

第8章

商业效果图制作实训 ·············· 232

8.1 简约卧室的柔和阳光表现 ···· 232

8.1.1 实例解析 ················ 232

8.1.2 设置系统参数 ············ 233

8.1.3 制作躺椅模型 ············ 233

8.1.4 材质制作 ················ 240

8.1.5 设置测试渲染参数 ········ 244

8.1.6 灯光设置 ················ 245

8.1.7 设置最终渲染参数 ········ 246

8.2 电梯厅的夜晚灯光表现 ······ 247

8.2.1 实例解析 ················ 247

8.2.2 制作吊灯模型 ············ 248

8.2.3 材质制作 ················ 251

8.2.4 设置测试渲染参数 ········ 256

8.2.5 灯光设置 ················ 257

8.2.6 设置最终渲染参数 ········ 272

【课堂练习1】——中式卧室日景效果 ·· 273

【课堂练习2】——办公室自然光表现 ·· 274

8.3 本章小结 ················ 274

【课后练习1】——

现代卧室朦胧日景效果 ·········· 274

【课后练习2】——接待室日光表现 ·· 275

第 1 章
效果图制作的基础知识

本章主要讲述效果图制作过程中涉及的一些基本知识，包括灯光应用、摄影基础、室内色彩学、效果图风格、室内人体工程学等。这些都是效果图制作中比较常用的基本常识，只有深入了解并熟练掌握运用这些知识，才能做出准确而真实的建筑效果图。

课堂学习目标

- 了解光与色、影、景之间的关系
- 了解效果图的补光原理和方法
- 掌握色彩在效果图中的运用
- 了解室内设计的各种风格的运用
- 了解室内人体工程学

1.1 光

效果图是用光作图的艺术。光在效果图中起到了很重要的作用，有光才有色、影、景。

没有光就没有色，光是人们感知色彩的必要条件。色来源于光，所以说光是色的源泉，色是光的表现。制作效果图会用到灯光或日光，不同的光会产生不同的色彩。光照在不同的物体上也会有不同的色彩体现。一张效果图给人的第一视觉就是画面的色彩，其次是空间，所以研究光与色的原理就是为了在效果图表现中能更好地把握光的用法，以此来达到第一视觉的美感。

1.1.1 光与色

1. 光波

学过物理的人都知道用三棱镜可以将白光分成 7 种颜色，而正是这 7 种色彩组成了人们所看到的世界。光的本质其实就是波，所以能产生反射（反弹）和折射（穿透）。一个光波周期，红色的光波最长，橙色其次，眼睛所能看到的最短光波是紫色光波。不同的光波具有不同的反射能力，眼睛看到的物体（除了物体本身会发光外）其实就是它反射过来的光，物体所表现出来的色彩就是它所反射的光波，其他的光波被吸收，吸收的光波会以热的形式进行转换，所以人们在夏天爱穿浅色的外衣就是因为浅色会把光的大多数光波反射掉。

计算机使用 3 种基色（红、绿、蓝）相互混合来表现出所有色彩。如图 1-1 所示，红与绿混合产生黄色，红与蓝混合产

图 1-1

生紫色，蓝与绿混合产生青色。其中红与青、绿与紫、蓝与黄都是互补色。互补色在一起会产生视觉均衡感，所以大家经常能在效果图中观察到用蓝色的天光和暖色的灯光来表现效果图的美感。

2. 色温

图 1-2

　　上面讲到灯光照到物体表面时未被反射的光线会被吸收，并且会以热的形式进行转换，下面就来讲解常见光源的色温。

　　色温是按绝对黑体来定义的，光源在可见区域的辐射和在绝对黑体的辐射完全相同时，此时黑体的温度就是该光源的色温。在图 1-2 中，在色彩纯度最高的时候，色温越高光就越接近暖色，色温越低光就越接近冷色。当色彩纯度不是最高的时候，色温与温度就不一定成正比。虽然日常感觉太阳照射出来的黄色比较暖和，但是色温是按照物体辐射光来定义的，因此蓝白色比黄色的色温更高。

3. 溢色

　　颜色具有传播性，主要包括漫反射传播和折射传播。当光线照到一个物体上时，物体会将部分色彩进行传播，传播后会影响到其他周围的物体，这就是通常所说的溢色。

　　在图 1-3 中，当阳光和天光照射到草地时，草地会将其他的颜色吸收掉，而将绿色光波漫反射到白色墙面上。

　　由于白墙可以漫反射所有的光波，因此观察到的白墙颜色就变成了绿色。同样的原理，当阳光穿过蓝色的玻璃时墙面会变成蓝色，如图 1-4 所示。合理运用溢色可以将效果图的真实感打造到最佳效果。

图 1-3

图 1-4

通过本小节的学习，我们可以知道，在特殊光照的情况下，一定要清楚被照射物体的色彩与光源色彩之间的关系，以及物体色彩的传播性，掌握了这些原理后才能更好地把握光与色的关系。

1.1.2 光与影

随着计算机硬件和软件的发展，效果图行业也有了新的发展趋势，即通过写实的表现手法来真实地体现设计师的设计理念，这样就能更好地辅助设计师完成设计工作，从而让表现和设计完美地统一起来。

要通过写实手法来表现出效果图的真实感，就必须找到一个能体现真实效果图的依据，而这个依据就是现实生活中的物理环境。只有多观察真实生活中物体的特性，才有可能制作出照片级的效果图。而很多三维教程却对真实物理世界中的光影一带而过，这就让很多初学者盲目地学习软件的操作技术，而丢掉了这个很重要的依据，结果连自己都不知道该怎样去表现效果。

1. 真实物理世界中的光影关系简介

这里先通过一个示意图（见图1-5）来说明真实物理世界的光影关系。这张示意图是下午 3 点左右的光影效果。从图中可以看出主要光源是太阳光，在太阳光通过天空到达地面以及被地面反射出去的这个过程中，就形成了天光，而天光也就成了第 2 光源。

图1-5

从图1-5中可以观察到太阳光产生的阴影比较实，而天光产生的阴影比较虚（见球体的暗部）。这是因为太阳光类似于平行光，所以产生的阴影比较实；而天光是从四面八方照射球体，没有方向性，所以产生了虚而柔和的阴影。

再来看球体的亮部（太阳光直接照射的地方），它同时受到了阳光和天光的作用，但是由于阳光的亮度比较大，所以它主要呈现的是阳光的颜色；而暗部没有被阳光照射到，只受到了天光的作用，所以它呈现出的是天光的蓝色；在球体的底部，由于光线照射到比较绿的草地上，反射出带绿色的光线，影响到白色球体的表面，形成了辐射现象，而呈现出带有草地颜色的绿色。

在球体的暗部，还可以观察到阴影有着丰富的灰度变化。这不仅仅是因为天光照射到了暗部，更多的是由于天光和球体之间存在着光线反射，从而使球体和地面的距离以及反射面积影响了最后暗部的阴影变化。

那么在真实物理世界里阳光的阴影为什么会有虚边呢？图 1-6 所示为真实物理世界中的阳光虚边效果。

在真实物理世界中，太阳是个很大的球体，但是它离地球很远，所以发出的光到达地球后，都近似于平行光。但是就因为它实际上不是平行光，所以地球上的物体在阳光的照射下会产生虚边，而这个虚边也可以近似地计算出来：（太阳的半径/太阳到地球的距离）×物体在地球上的投影距离≈0.00465×物体在地球上的投影距离。从这个计算公式可以得出，一个身高1700mm的人，在太阳照射夹角为45°的时候，其头部产生的阴影虚边大约应该是11mm。根据这个科学依据，可以使用 VRay 的球光来模拟真实物理世界中的阳光，

图1-6

控制好 VRay 球光的半径和它到场景的距离就能产生真实物理世界中的阴影效果。

那为什么天光在白天的大多数时间段是蓝色，而在早晨和黄昏又不一样呢？

大气本身是无色的，天空的蓝色是大气分子、冰晶、水滴等和阳光共同创作的景象。太阳发出的白光是由紫、青、蓝、绿、黄、橙、红光组成的，它们的波长依次增加。当阳光进入大气层时，波长较长的色光（如红光）的透射力比较强，能透过大气照射到地面；而波长较短的紫、蓝、青色光碰到大气分子、冰晶、水滴时，就很容易发生散射现象，被散射了的紫、蓝、青色光将布满天空，从而使天空呈现出一片蔚蓝，如图 1-7 所示。

在早晨和黄昏时，太阳光穿透大气层到达观察者所经过的路程要比中午的时候长很多，因此更多的光会被散射和反射掉，光线也没有中午的时候明亮。在到达所观察的地方，波长较短的光（蓝色光和紫色光）几乎已经被散射掉了，只剩下波长较长、穿透力较强的橙色和红色光，所以随着太阳慢慢升起，天空的颜色将从红色变成橙色，图 1-8 所示为早晨的天空色彩。

当落日缓缓消失在地平线以下时，天空的颜色逐渐从橙红色变为蓝色。即使太阳消失以后，贴近地平线的云层仍然会继续反射太阳的光芒。由于天空的蓝色和云层反射的红色太阳光融合在一起，所以较高天空中的薄云呈现为红紫色，几分钟后，天空会充满淡淡的蓝，并且颜色会逐渐加深向高空延展，图 1-9 所示为黄昏时的天空色彩。

图 1-7

图 1-8

图 1-9

技巧与提示

仔细观察图 1-9，其中的暗部呈现蓝紫色，这是因为蓝、紫光被散射以后，又被另一边的天空反射回来的关系。

图 1-10

下面讲解一下光线反射。如图 1-10 所示，当白光照射到物体上时，物体会吸收一部分光线和反弹一部分光线，吸收和反射的多少取决于物体本身的物理属性。当遇到白色的物体时光线就会全部被反射，当遇到黑色的物体时光线就会全部被吸收（注意，真实物理世界中不存在纯白或纯黑的物体），也就是说反射光线的多少是由物体表面的亮度决定的。当白光照射到红色的物体上时，物体反射的光子就是红色（其他光子都被吸收了），当这些光子沿着它的路线照射到其他表面时会呈现为红色光，这种现象称为辐射。因此相互靠近的物体的颜色会因此受到影响。

2. 自然光

所谓自然光，就是除人造光以外的光。在真实的物理世界中，主要的自然光就是太阳，它给大自然带来了丰富美丽的变化，让大家看到了日出、日落，感受到了冷与暖。下面将简单讲解真实物理世界中的自然光在不同时刻和不同天气环境中的光影关系。

（1）中午。

在一天中，当太阳的照射角度在90°左右时，这个时刻就是中午。此时太阳光的直射强度是最强的，对比也是最大的，所以阴影也比较黑，相比其他时刻，中午的阴影的层次变化也要少一点。

在强烈的光照下，物体的饱和度看起来会比其他时刻低一些，并且比较小的物体的阴影细节变化不会太丰富，所以要在真实的基础上来表现效果图，中午时刻相比于其他时刻就没有那么理想，因为表现力度和画面的层次要弱

图 1-11

一些。如图1-11是一幅中午时刻的小型建筑的光影效果图，其画面的对比很强烈，暗部阴影比较黑，而层次变化相对较少，所以不宜选择中午时刻来表现效果图的真实感。

（2）下午。

在下午的时间段中（14:30～17:30），阳光的颜色会慢慢变得暖和一些，而照射的对比度也会慢慢降低，同时饱和度会慢慢地增加，天光产生的阴影也随着太阳高度的下降而变得更加丰富。

整体来讲，下午的阳光会慢慢地变暖，而暖的色彩和比较柔和的阴影会让人的眼睛观察起来感觉更舒适，特别是在日落前大约1个小时的时间里，色彩的饱和度会变得比较高，高光的暖调和暗部的冷调会带来丰富的视觉感受。选择这个时刻作为效果图的表现时刻比起中午要好很多，因为此时不管是色彩还是阴影的细节都要强于中午。如图1-12中，阳光带点黄色，而暗部的阴影带点蓝色，层次比中午时刻要丰富一些，对比也没中午那么强烈；图1-13中，阳光的暖色和阴影区域的冷色使色彩的变化相对来说变得比较丰富，所以无论在光照还是在阴影细节的选择上，下午时刻的效果都要强于中午时刻。

图 1-12

图 1-13

（3）日落。

在日落这个时间段中，阳光变成了橙色甚至是红色，光线和对比度变得更弱，较弱的阳光就使天光的效果变得更加突出。所以阴影色彩变得更深更冷，同时阴影也变得比较长。

在日落时，天空在有云的情况下会变得更加丰富，有时还会呈现出让人感觉不可思议的美丽景象，这是因为此时的阳光看上去像是从云的下面照射出来一样。图1-14所示是一张日落前的照片，阳光不是那么强烈，带有黄色的暖调，天光在这个时刻更加突出，暗部的阴影细节也很丰富，并且呈现出了天光的冷蓝色；图1-15是一张日落时的照片，太阳快落到地平线以下时，阳光的色彩变成了橙色，甚至带点红色，而阴影也拖得比较长，暗部的阴影呈现出了蓝紫色的冷调。

图 1-14

图 1-15

（4）黄昏。

黄昏是一天中非常特别的时刻。当太阳落山的时候，天空中的主要光源就是天光，而天光的光线比较柔和，所以此时的阴影比较柔和，同时对比度比较低，当然色彩的变化也变得更加丰富。

当来自地平线以下的太阳光被一些山岭或云块阻挡住时，天空中就会被分割出一条条的阴影，形成一道道深蓝色的光带。这些光带好像是从地平线下的某一点（即太阳所在的位置）发出，以辐射状指向苍穹，有时还会延伸到太阳相对的天空中，呈现出万道霞光的壮丽景象，给只有色阶变化的天空增添一些富有美感的光影线条，人们把这种现象称为"曙暮晖线"。

日落之后，即太阳刚刚处于地平线以下时，在高山上面对太阳一侧的山岭和山谷中会呈现出粉红色、玫瑰红或黄色等色调，这种现象称为"染山霞"或"高山辉"。傍晚时的"染山霞"比清晨明显，春夏季节又比秋冬季节明显，这种光照让物体的表面看起来像是染上了一层浓浓的黄色或紫红色。

在黄昏的自然环境下，如果有室内的黄色或橙色的灯光对比，整体画面会让人感觉到无比的美丽与和谐，所以黄昏时刻的光影关系也比较适合表现效果图。图 1-16 所示是一张黄昏时分的照片，此时太阳附近的天空呈现为红色，而附近的云彩呈现为蓝紫色，由于太阳已经落山，光线不强，被大气散射产生的天光亮度也随着降低，阴影变暗了很多，同时整个画面的饱和度也增加了不少；图 1-17 是一张具有"曙暮晖线"的照片，太阳被云层压住，从云的下面照射出来，呈现出了一副很美丽的景象。

图 1-16

图 1-17

（5）夜晚。

在夜晚的时候，虽然太阳已经落山，但是天光仍然是个发光体，只是光照强度比较弱而已。因为此时的光照主要来源于被大气散射的阳光、月光以及遥远的星光，所以要注意，晚上的表现效果仍然有天光的存在，如图 1-18 是一张夜幕降临时的照片，由于太阳早已经下山，天光起主要光照作用，因此屋顶都呈现蓝色；图 1-19 中，月光起主要照明作用，整个天光比较弱，呈现深蓝紫色，月光明亮而柔和。

图 1-18

图 1-19

（6）阴天。

阴天的光线变化多样，这主要取决于云层的厚度和高度。阴天的天光色彩主要取决于太阳的高度（虽然是阴天，但太阳还是躲在云层后面）。在太阳高度比较高的情况下，阴天的天光主要是呈现出灰白色；当太阳的高度比较低的情况下，特别是太阳快落山时，天光的色彩会发生变化，并且呈现出蓝色。如图 1-20 是一张阴天的照片，阴影比较柔和，对比度也较低，而饱和度却比较高；图 1-21 是一张太阳照射角度比较高的阴天的照片，整个天光呈现出灰白色；图 1-22 是一张太阳照射角度比较低的阴天的照片，图像的暗部呈现出淡淡的蓝色。

图 1-20

图 1-21

图 1-22

3. 室内光与人造光

室内光和人造光主要是为了弥补在没有太阳光直接照射以及光照不充分的情况，比如阴天和晚上就需要人造光来弥补光照。同时，人造光也是人们有目的地去创造的，例如一般的家庭照明是为了满足人们的生活需要，而办公室照明则是为了使人们可以更好地工作。

随着社会的发展，室内光照也有了它自身的定律。人们把居室照明分为 3 种，分别是集中式光源、辅助式光源和普照式光源，用它们组合起来营造一个光照环境，其亮度比例大约为 5∶3∶1。其中 5 是指光照亮度最强的集中性光线（比如投射灯）；3 是指柔和的辅助式光源；1 是提供整个房间最基本照明的光源。

（1）窗户采光。

窗户采光就是室外的天光通过窗户照射到室内的光。窗户采光都比较柔和，因为窗户面积比较大（注意，在同等亮度下，光源面积越大，产生的光影越柔和）。在只有一个小窗口的情况下，虽然光影比较柔和，但是却能产生高对比的光影，这从视觉上来说是比较有吸引力的；在大窗口或多窗口的情况下，这种对比就相对弱一些。图 1-23 是一张小窗户的采光情况，由于窗户比较小，所以暗部比较暗，整张图像的对比相对比较强烈，而光影却比较柔和；图 1-24 是一张大窗户的采光情况，在大窗户的采光环境下，整体画面的对比比较弱，由于窗户进光口很大，所以暗部没有那么暗；图 1-25 是一张大窗户的采光情况，但是天光略微带点蓝色，这是因为云层的厚薄和阳光的高度不同所造成的。

图 1-23   图 1-24   图 1-25

在不同天气情况下，窗户采光的颜色也是不一样的。如果在阴天，窗户光将是白色、灰色或是淡蓝色；在晴天又将变成蓝色或白色。窗户光一旦进入室内，它首先照射到窗户附近的地板、墙面和天花板上，然后通过它们再反射到家具上，如果反射比较强烈就会产生辐射现象，让整个室内的色彩产生丰富的变化。

（2）住宅钨灯照明。

钨灯就是日常生活中常见的白炽灯，它是根据热辐射原理制成的。钨丝达到炽热状态，让电能转化为可见光，钨丝到达 500℃时就开始发出可见光，随着温度的升高，光照颜色会从"红→橙黄→白"逐渐变化。人们平时看到的白炽灯的颜色都和灯泡的功率有关，一个 15W 的灯泡照明看上去很暗，色彩呈现为红橙色，而一个 200W 的灯泡照明看上去就比较亮，色彩呈现为黄白色。如图 1-26 中，在白炽灯的照明下，高亮的区域呈现为接近白色的颜色，随着亮度的衰减，色彩慢慢地变成了红色，最后成为黄色；图 1-27 是一张具有灯罩的白炽灯的照明效果，光影要柔和很多，看上去并不是那么刺眼。

图 1-26

图 1-27

通常情况下，白炽灯产生的光影都比较硬，为了得到一个柔和的光影，经常使用灯罩来让光照变得更加柔和。

（3）餐厅、商店和其他商业照明。

和住宅照明不一样，商业照明主要用于营造一种气氛和心情，设计师会根据不同的目的来营造不同的光照气氛。

餐厅室内照明把气氛的营造放在第 1 位。凡是比较讲究的餐馆，大厅一般情况都会安装吊灯，无论是用高级水晶灯还是用吸顶灯，都可以使餐厅变得更加高雅和气派，但其造价比较高。大多数小餐馆都会选择安装组合日光灯，既经济又耐用，光线柔和适中，使顾客用餐时感觉非常舒适。有些中档餐厅或快餐厅也有安装节能灯作为吸顶照明，俗称"满天星"，经验证明这种灯为冷色，其造价不低而且质量较差，使用效果也非最佳，尤其是寒冷的冬季，顾客在这个环境下用餐会感觉非常阴冷，而且这种色调的灯光照射在菜肴上会失去本色，本来色泽艳丽的菜肴顿时变得灰暗、混浊，难上档次，故节能灯不可取。另外，室内灯光的明暗强弱也会影响就餐顾客，一般在光线较为昏暗的地方用餐，让人没有精神，并使就餐时间加长；而光线明亮的地方会令人精神大振，使就餐情绪兴奋，大口咀嚼有助消化和吸收，从而减少用餐时间。图1-28是一个餐馆的照明效果，给人一种富丽堂皇的感觉，增强人们的食欲。

商店照明和其他照明不一样，商店照明主要是为了吸引购物者的注意力，创造合适的环境氛围，大都采用混合照明的方式，如图1-29所示。

图1-28　　　　　　　　　　　图1-29

商店照明的分类主要有以下6种。

第1种：普通照明，这种照明方式是给一个环境提供基本的空间照明，用来照亮整个空间。

第2种：商品照明，是对货架或货柜上的商品进行照明，保证商品在色、形、质3个方面都有很好的表现。

第3种：重点照明，也叫物体照明，主要是针对商店的某个重要物品或重要空间进行照明，比如橱窗的照明就是重点照明。

第4种：局部照明，这种方式通常是装饰性照明，用来营造特殊的氛围。

第5种：作业照明，主要是针对柜台或收银台进行照明。

第6种：建筑照明，用来勾勒商店所在建筑的轮廓并提供基本的导向，以营造热闹的气氛。

（4）荧光照明。

荧光照明被广泛地应用在办公室、驻地、公共建筑等地方，因为这些地方需要的电能比较多，所以使用荧光照明能更多地节约电能。荧光照明的色温通常是绿色，这和人眼看到的有点不同，因为眼睛有自动白平衡功能，如图1-30所示。

图1-30

荧光照明主要有以下3大优点。

第1点：光源效率高、寿命长、经济性好。

第2点：光色丰富，适用范围广。

第3点：可得到发光面积大、阴影少而宽的照明效果，故更适用于要求照度均匀一致的照明场所。

（5）混合照明。

在日常生活中常常可以看到室外光和室内人造光混合在一起的情景，特别是在黄昏，室内的暖色光和室外天光的冷色在色彩上形成了鲜明而和谐的对比，在视觉上给人们带来一种美的感受。这种自然光和人造光的混合，常常会带来很好的气氛，优秀的效果图在色彩方面都或多或少地对此有所借鉴。如图 1-31 中，建筑不仅受到了室外蓝紫色天光的光照，同时在室内也有橙黄色的光照，在色彩上形成了鲜明的对比，同时又给人们带来了和谐统一的感觉。

图 1-31

技巧与提示

掌握混合照明还有助于提高用户对色彩对比的把握，如图 1-32 所示。

图 1-32

（6）火光和烛光。

比起电灯发出的灯光来讲，火光和烛光的光照更加丰富。火光本身的色彩变化比较丰富，并且火焰经常在跳动和闪烁，现代人经常用烛光来营造一种浪漫的气氛。如图 1-33 中，可以观察到烛光本身的色彩非常丰富，产生的光影也比较柔和。

图 1-33

1.1.3 光与景

合理用光和建立正确的场景是效果图表现的关键，换句话说就是"光与景是效果图表现的两大核心要素"。没有光，就观察不到景；没有景，光也失去了意义。光分为自然光（如阳光、天光、月光等）和人造光（白炽灯、显示器等所发出的光）。

在通常情况下，一般使用中午、下午、傍晚、黄昏和有月光的夜晚来表现效果图，而清晨的效果图相对较少，原因主要是清晨时的光色不是很丰富，并且人们在清晨时的活动也比其他时候少。那么是按照什么原则来确定效果所表现的时间呢？主要有两个原则：第 1 个是要尊重设计师和客户的要求；第 2 个是要按照大多数人的活动时段。例如人们大多在白天办公，因此办公场景应该设计成白天为最佳，如图 1-34 所示；而酒店和歌厅一般是人们晚上活动的场所，因此在制作效果图时要以表现晚上的效果为最佳时段，如图 1-35 所示。

图 1-34

图 1-35

技巧与提示

从图 1-34 和图 1-35 中可以发现白天的效果和晚上的效果在色彩上有很大的区别，这是因为白天的照明主要来自于太阳光和天光，天空主要是蓝色，所以白天室内空间的色调一般为偏冷色调，而夜晚主要是人工照明，因此一般为偏暖色调。

一般将一天中的 6～18 点定义为白天。若用一个半圆来表示一天中太阳的运动轨迹，则可以将地平线视为地面，圆弧表示太阳在一天中所处的不同时段，如图 1-36 所示。

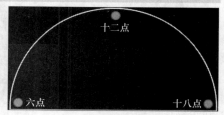
图 1-36

若以一个游泳池场景来表现从早上 6 点到傍晚 18 点的效果图，那么应该是如图 1-37、图 1-38 和图 1-39 所示的效果。

图 1-37

图 1-38

图 1-39

1.2 摄影构图

效果图一般按照片和现实两种方式来表现。在现实中观察到的真实世界其实没有照片上观察到的效果那么好。其原因有两个：第 1 个是照片范围限制了取景的范围，但可以利用很好的构图来表达出最佳的主题效果；第 2 个是摄影机功能在不断发展（如景深、运动模糊等），有很多新的技术在现实中是没有的。

1.2.1 摄影基础知识

1. 镜头种类

摄影机的镜头可以分 3 大类，分别是广角（见图 1-40）、标准（见图 1-41）和长焦（即望远，见图 1-42）。

图 1-40　　　　　　　　　　　图 1-41　　　　　　　　　　　图 1-42

- 广角镜头：广角镜头比标准镜头的视角宽，有利于拍摄群体像或在狭窄的空间里摄影。如果在使用时太靠近被摄物体，则可能会出现影像变形的现象，无论光圈调在哪一级，其景深都比较大。因此，当被摄物体的每一部分要求都必须清晰可见时，这种性能就十分有效。广角镜头适用于室内效果图标准镜头拍摄的影像，与用裸眼观察到的景物大致相似。
- 标准镜头：适用于拍摄大部分的户外景物。
- 长焦镜头：适合拍摄远距离的大影像，因此长焦镜头适用于建筑表现。

2. 补光

摄影中一般会使用反光板进行补光，这与在效果图中用到的补光很相似。补光用的反光板在摄影中一般分为白色、银色、金色和黑色 4 种。

- 白色反光板：白色反光板反射的光线非常微弱，由于其反光性能不是很强，所以效果显得柔和而自然。

> **技巧与提示**
>
> 白色反光板常用于对阴影部位的细节进行补光，在效果图制作中经常用到。

- 银色反光板：银色反光板比较亮且光滑如镜，因此能产生更为明亮的光。

> **技巧与提示**
>
> 银色反光板也是最常用的一种反光板，使用该反光板很容易表现出水晶物体的效果。当阴天或主光未能很好照到水晶物体时，可以直接将银色反光板置于水晶物体的下方，这样就可以将反光板接收到的光反射到物体上。

　　⊿ 金色反光板：使用金色反光板补光与银色反光板一样，可以像光滑的镜子一样反射光线，但是与冷调的银色反光板相反，它产生的光线色调是暖色调的。

　　当光线非常明亮时，使用金色反光板或银色反光板要慎重，因为会产生多余的曝光效果。

　　⊿ 黑色反光板：该反光板与众不同，从技术上讲它并不是反光板，而是"减光板"，使用其他反光板是根据加光法工作的，目的是为景物添加光量，而黑色反光板则是运用减光法来减少光量，因为在效果图的制作过程中可能会遇到个别物体的曝光使整个画面不协调，使用黑色反光板就可以避免出现曝光过度现象。

1.2.2　构图要素

　　构图学是绘画和摄影中的理论，但在效果图制作中也被广泛运用。在制作效果图时，经常会发现整个图面不协调，但又找不到原因，其实这主要是构图不合理造成的，本小节就来学习效果图的图面构图方法。

1.　主题

　　对于一张好的效果图来说，画面主题必须要很突出，不能为了观察到更多的物体而进行设计，否则会造成画面零乱缺少主题。如图 1-43 中，可以观察到餐桌和沙发区域，但是画面的视觉中心给人一种非常凌乱的感觉，而从图 1-44 中就能轻易地观察出沙发就是画面的主题。

图 1-43

图 1-44

　　明确主题的方法一般除了确定摄影机角度以外，还可以通过增加物体的亮度或对比度来实现。

2.　画面元素

　　效果图的构成是有一定画面元素的，缺少合理的元素就会影响视觉效果，可以将画面元素理解为构成整个图面的所有物体及光效。效果图中的画面元素一般分为设计主体、摆设、配饰、环境及灯光。

　　（1）设计主体。

　　设计主体是效果中要表达的最重要部分，没有设计主体的效果图也就失去了存在的意义，因此设计主体是效果图的要点，其他元素都要以这个主体为中心来搭配。如图 1-45 中，博古架就是整体画面的视觉中心，其他元素都是围绕它来搭配的。

　　（2）摆设。

　　摆设就是家具或功能性物品，是设计空间中不可缺少的物体，其风格要与设计主体相匹配（如客厅中的沙发、篮球场中的篮球架等）。摆设的主要目的就是要表达空间的功能、使用范围以及所适合的人群，如图 1-46 所示。

图 1-45

图 1-46

（3）配饰。

配饰在效果图中能起到画龙点睛的作用，并且可以丰富画面以及提升效果图的档次。配饰除了要符合设计主体的风格外，还要注意实用性和合理性，例如在卧室的床头柜上放一个台灯，如图 1-47 所示。

图 1-47

技巧与提示

在使用配饰的时候还需要注意主人的品味习惯。例如主人是一位严谨的科学家，而效果图中的配饰却是一束很浪漫的鲜花；再如主人是一位戒烟宣传大使，而为他设计的效果图的茶几上却放置一盒香烟。这样就会违背主人的个人意愿。另外，配饰也要有主次之分，在摄影机近景处一般要选用一些精制而重要的配饰，在远处要选用一些色彩简单的配饰，如图 1-48 所示。总之，在配饰的搭配上要力求做到丰富、合理、实用。

图 1-48

（4）环境。

环境一般是指为烘托室内环境而存在的室外环境。多数室内空间都有窗户，窗外的景象就是室外环境，室内的效果和室外的环境是相互决定和相互影响的。

室外环境一般要考虑以下 6 个因素。

第 1 个：时间，就是指效果图中的空间所要表达的时间。

第 2 个：方位，主要是为了考虑窗外是阳面还是阴面效果。

第 3 个：季节，不同季节的室外环境是不一样的。

第 4 个：高度，是指效果图中的空间所处的楼层高度。

第 5 个：位置，是指效果图中的空间所处的位置。

第 6 个：天气，是指阴天还是晴天等。

技巧与提示

要全部掌握以上 6 个要素是不容易的。这里有一个简便的解决方法，就是尽量在窗户上加入窗帘或窗纱，让室外有一定的亮度和色彩，这样不但可以使室内效果更加完美，也可以不用为室外景色不好确定而担心，如图 1-49 所示。

在外景的控制上除了这 6 个要素以外，还有两个宏观的控制方法，即亮度和色彩。在阳光充足并且能照射到室内的情况下，可以将外景调整成相对亮一些的色彩，如图 1-50 所示；在没有阳光的情况下，可以将外景的相对色彩调整成暗一些的效果，如图 1-51 所示。

图 1-49

图 1-50

图 1-51

（5）灯光。

灯光也是画面中不可缺少的元素。它在效果图中的作用不言而喻，合理布光能使画面效果更加真实。

灯光主要是考虑空间的功能，例如娱乐场所中的灯光要求色彩丰富，以点缀光为主，如图 1-52 所示，而会议厅要以光照比较明亮和光线均匀为主。

光的强弱在画面中也会起到非常重要的作用，若一张效果图看起来比较灰淡的话，主要就是光线的问题，这时就需要观察一些好的作品或现实中的一些照片来查找问题之所在。光除了能照亮场景以外，更重要的是为了突出设计要素，如图 1-53 所示。

技巧与提示

总地来讲，在光的使用上需要把握两点：第 1 个是功能性灯光，需要从场景的使用功能角度出发进行合理布光；第 2 个是烘托性灯光，主要是为了结合效果而添加的一些强化画面的灯光。

图 1-52   图 1-53

1.2.3 摄影技巧

在效果图制作中，摄影技巧其实就是使用摄影机体现物体质感和层次感的技巧。

1. 质感

在表现墙面质感时，经常会制作一些具有机理的材质或具有凸凹效果的造型。如图 1-54 所示，如果正对着墙来表现效果图（也就是相当于物体与摄影机视点垂直），物体质感和造型视觉感观就会减弱，而使摄影机与墙面的角度相对比较小时就会增强机理和造型的效果。

2. 层次感

层次感可以理解为空间的进深感，可以用设置前景的方法或加大摄影机的广角来增强效果图的层次感。前景可以分为物品前景（见图 1-55）和框架前景两种。

图 1-54   图 1-55

1.3 室内色彩学

1.3.1 室内色彩的基本要求

室内色彩可以分为家具、纺织品、墙壁、地面、顶棚的色彩等。为了平衡室内错综复杂的色彩关系和总体色调，可以从同类色、邻近色、对比色、有彩色系和无彩色系的协调配置方式上来寻求其组合规律。

1. 家具色彩

家具色彩是家庭色彩环境中的主色调，常用的有以下两类。

第 1 类：明度、纯度较高的色彩，其中有表现木纹、基本不含颜料的木色或淡黄、浅橙等偏暖色彩，这些家具纹理明晰、自然清新、雅致美观，使人能感受到木材质地的自然美，如果采用"玉眼"等特殊涂饰工艺，木材纹理会更加醒目怡人，还有遮盖木纹的象牙白、乳白色等偏冷色彩，明快光亮，纯洁淡雅，使人领略到人为材料的"工艺美"。

第2类：明度、纯度较低的色彩，其中有表现贵重木材纹理色泽的红木色（暗红）、橡木色（土黄）、柚木色（棕黄）或栗壳色（褐色）等偏暖色彩，还有咸菜色（暗绿）等偏冷色彩，这些深色家具显示了华贵、古朴凝重、端庄大方的特点。

技巧与提示

家具色彩力求单纯，最好选择单色或双色，既强调本身造型的整体感，又易于和室内色彩环境相协调。如果要在家具的同一部位上采取对比强烈的不同色彩，可以用无彩色系中的黑、白或金银等颜色作为间隔装饰，使家具更加自然，对比更加协调，这样既醒目鲜艳，又柔和优雅。

2. 纺织品色彩

床罩、沙发罩、台布、窗帘等纺织品的色彩也是室内色彩环境中的重要组成部分。这些物体一般采用明度、纯度较高的鲜艳色，这样才能表现出室内浓烈、明丽、活泼的气氛。

技巧与提示

在为家具配色时，可以采用"色相"进行协调，如为淡黄的家具、米黄的墙壁配上橙黄的床罩、台布，可以构成温暖、艳丽的色调；也可以采用相距较远的邻近色进行对比，起到点缀装饰的作用，以获得绚丽的效果。

纺织品色彩的选择应考虑到环境和季节等因素。对于光线充足的房间或在夏季，宜采用蓝色系的窗帘；在冬季或光线暗淡的房间，宜采用红色系的窗帘；而写字台可以铺上冷色调装饰布，以减弱视觉干扰和防止视觉疲劳；在餐桌上宜铺上橙色装饰布，以给人温暖、兴奋之感，从而增强食欲。

3. 墙壁、地面、屋顶色彩

墙壁、地面、屋顶的色彩通常充当室内的背景色和基色，以衬托家具等物的主色调。墙壁、屋顶的色彩一般采用一个或几个较淡的、短色距的彩色或无彩的素色，这样有利于表现室内色彩环境的主从关系、隐显关系以及空间的整体感、协调感、深远感、体积感和浮雕感。

（1）墙壁色彩。

对于光线充足的房间或者主人的性格比较恬静的房间，可以把主卧室和女孩子次卧室的墙壁用苹果绿、粉绿、湖蓝等偏冷色彩来装饰，如图1-56所示；对于光线较暗的房间、起居室、饭厅或者性格活泼的男孩子的次卧室，可以用米黄、奶黄、浅紫等偏暖色彩来装饰；小面积房间的墙壁与家具可以选用相同的色彩（明度要略有不同）来搭配，这样才能统一协调，以增强空间的纵深感；对于大中型房间的墙壁色彩和家具色彩，需要使邻近色形成比较明显的对比，这样可以使家具显得更加突出、醒目；对于色彩比较繁杂的室内环境，墙面最好采用灰、白等素色作为背景色，这样才能起到中和、平衡、过渡、转化等效果。

（2）地面色彩。

地面色彩一般采用土黄、红棕、紫色等偏暖色彩来进行修饰，也可以采用青绿、湖蓝等冷色调，当然也可以采用灰、白等素色，如图1-57所示。

技巧与提示

地面色彩具有衬托家具和墙壁的作用，宜采用同类色或邻近色进行对比，从而突出家具的轮廓，使线条更加清晰，这样就会更加富有立体感。比如黄、橙色的家具可以配红棕色的地面，而红色的家具可配土黄色的地面。

图 1-56

图 1-57

（3）屋顶色彩。

屋顶可以用彩色或白色来修饰，一般与墙壁为同一色相，但明度不同，需要自下而上产生浓淡、暗明、重轻的变化，这样有助于在视觉上扩大空间高度。

技巧与提示

白色的屋顶不仅可以加强空间感，而且能增加光线的反射和亮度。

1.3.2　色彩与心理

学习色彩与心理的主要目的是为了在初学效果图时能对室内色彩具有人性化的把握。不同的色彩应用在不同的空间背景上，对房间的性质、心理知觉和情感反应都可以造成很大的影响。一种特殊的色相虽然完全适用于地面，但将其运用在天棚上时，则可能产生完全不同的效果。下面将不同的色相作用于天棚、墙面、地面时的效果作一个简单的分析，如表 1-1 所示。

表 1–1　　　　　　　　　　　不同的色相作用于天棚、墙面、地面时的效果

颜色	天棚	墙面	地面
红色	干扰的	侵犯的、靠近的	留意的，警觉的
粉红色	精致的、愉悦舒适的或过分甜蜜的	软弱的	过于精致的
褐色	沉闷压抑的	稳妥的	稳定沉着的
橙色	发亮的、兴奋的	暖和的、发亮的	活跃明快的
黄色	发亮的、兴奋的	温暖的	上升的、有趣的
绿色	保险的	冷的、安静的、可靠的	自然的、柔软的、轻松的
蓝色	冷、凝重、沉闷的	冷而深远的	结实的
灰色	暗的	讨厌的	中性的
白色	空虚的	枯燥无味的、没有活力的	禁止接触的
黑色	空虚沉闷的	不祥的	奇特的、难于理解的

1.4　风　格

1.4.1　中式风格

中式传统风格崇尚庄重和优雅，多采用木构架来构筑室内藻井天棚、屏风、隔扇等装饰，

一般采用对称的空间构图方式，色彩庄重而简练，空间气氛宁静雅致而简朴，如图 1-58 所示。

1.4.2　欧式古典风格

　　人们在不断满足现代生活要求的同时，又萌发出一种向往传统、怀念古老饰品、珍爱有艺术价值的传统家具陈设的情绪。于是，曲线优美、线条流动的巴洛克和洛可可风格的家具常用来作为居室的陈设，再配以相同格调的壁纸、帘幔、地毯、家具外罩等装饰织物，给室内增添了端庄、典雅的贵族气氛，如图 1-59 所示。

图 1-58　　　　　　　　　　　　　　　　图 1-59

1.4.3　田园风格

　　田园风格崇尚返朴归真、回归自然，摒弃人造材料，将木材、砖石、草藤、棉布等天然材料运用于室内设计中，如图 1-60 所示。

图 1-60

1.4.4　乡村风格

　　乡村风格主要表现为尊重民间的传统习惯、风土人情，注重保持民间特色，注意运用地方建筑材料或传说故事等作为装饰主题，在室内环境中力求表现悠闲、舒畅的田园生活情趣，创造自然、质朴、高雅的空间气氛，如图 1-61 所示。

1.4.5　现代风格

　　现代风格是相对于传统风格而言的，这种风格崇尚个性化和多元化，以简洁、明快、实用为原则，是现代年轻人所喜欢的一种风格，如图 1-62 所示。

图 1-61   图 1-62

1.5 室内人体工程学

1.5.1 概论

　　人体工程学是一门重要的学科，随着效果图整体水平的提高，效果图表现师也需要了解这门学科。

　　人体工程学可以简单概括为人在工作学习和娱乐环境中对人的生理、心理及行为的影响。为了让人的生理、心理及行为达到一个最合适的状态，就要求环境的尺寸、光线、色彩等因素来适合人们。

1.5.2 作用

　　研究室内人体工程学主要有以下 4 方面的作用。

　　第 1 个：人体工程学是确定人在室内活动所需空间的主要依据。根据人体工程学中的有关计测数据，从人的尺度、动作域、心理空间以及人际交往的空间来确定空间范围。

　　第 2 个：人体工程学是确定家具、设施的形体、尺度及其使用范围的主要依据。家具设施为人所使用，因此它们的形体、尺度必须以人体尺度为主要依据。同时，人们为了使用这些家具和设施，其周围必须留有活动和使用的最小空间，这些都是根据人体工程学来处理的。室内空间越小，停留时间越长，对这方面内容测试的要求也越高，例如车厢、船舱、机舱等交通工具内部空间的设计。

　　第 3 个：人体工程学提供了适应人体的室内物理环境的最佳参数。室内物理环境主要有室内热环境、声环境、光环境、重力环境、辐射环境等。人体工程学为室内设计提供了科学的参数依据，这样在设计时就能做出正确的决策。

　　第 4 个：人体工程学为室内视觉环境设计提供了科学依据。人眼的视力、视野、光觉、色觉是视觉的要素，人体工程学通过计测得到的数据，对室内光照设计、室内色彩设计、视觉最佳区域等提供了科学的依据。

1.5.3 环境心理学与室内设计

　　在阐述环境心理学之前，先要了解环境和心理学的概念。环境即为"周围的境况"，相对于人而言，环境也就是围绕着人们并对人们的行为产生一定影响的外界事物。环境本身具有一定的秩序、模式和结构，可以认为环境是一系列有关的多种元素与人的关系的综合。人们可以使外界事物产生变化，而这些变化了的事物，又会反过来对行为主体的人产生影响。例如人们设计创造了简洁、明亮、高雅、有序的室内办公环境，同时环境也能使在这一环境中工作的人有良好的心理感受，能诱导人们更文明、更有效地工作。心理学则是研究认识、情感、意志等心理过程和能力、性格等心理特征的学科。

1.6 本章小结

　　本章就效果图的一些基础知识作了概要介绍，其重点在于效果图用光、用色和构图。当然，人体工程学也是必须要掌握了解的知识，否则做出的效果图就是不正确的。效果图是基于物理真实的一种三维模拟，制作效果图的一个基本原则就是要真实，因此，需要大家给效果图进行准确打光、用色，同时要保证设计符合人体工程学原理。

第2章
3ds Max 基本操作方法

就目前的商业应用来看，3ds Max 是制作建筑效果图的最主要的软件平台，基本上垄断了这个细分领域。所以要学习效果图制作，首先就要熟练掌握 3ds Max 的操作方法。本书使用 3ds Max 2012 简体中文版进行教学，笔者将在本章系统介绍 3ds Max 2012 的界面组成以及各种工具、命令的作用和使用方法。通过本章的学习，可以让大家对 3ds Max 2012 有个全面的认识。

课堂学习目标
- 了解 3ds Max 2012 的应用领域
- 熟悉 3ds Max 2012 的操作界面
- 掌握 3ds Max 2012 的常用工具
- 掌握 3ds Max 2012 的基本操作

2.1 3ds Max 2012 的应用领域

Autodesk 公司出品的 3ds Max 是世界顶级的三维软件之一，由于 3ds Max 强大的功能，使其从诞生以来就受到了 CG 艺术家的喜爱，2012 版本的功能也变得更加强大。

3ds Max 在模型塑造、场景渲染、动画、特效等方面都能制作出高品质的对象，这也使其在效果图制作、插画、影视动画、游戏、产品造型等领域中占据领导地位，并成为全球最受欢迎的三维制作软件之一，如图 2-1～图 2-5 所示。

图 2-1

图 2-2

图 2-3

图 2-4

图 2-5

　　从 3ds Max 2009 开始，Autodesk 公司推出了两个版本的 3ds Max，一个是面向影视动画专业人士的 3ds Max，另一个是专门为建筑师、设计师以及可视化设计量身定制的 3ds Max Design，对于大多数用户而言，这两个版本是没有任何区别的。本书采用中文版 3ds Max 2012 版本来编写，请大家注意。

2.2　3ds Max 2012 的工作界面

　　安装好 3ds Max 2012 后，可以通过以下两种方法来启动 3ds Max 2012。

　　第 1 种：双击桌面上的快捷图标⑥。

　　第 2 种：执行"开始/程序/Autodesk/Autodesk 3ds Max 2012 32-bit-Simplified Chinese/Autodesk 3ds Max 2012 32-bit-Simplified Chinese" 命令，如图 2-6 所示。

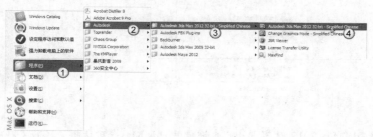

图 2-6

　　在启动 3ds Max 2012 的过程中，可以观察到 3ds Max 2012 的启动画面，如图 2-7 所示。启动完成后可以看到其工作界面，如图 2-8 所示。3ds Max 2012 的视口显示是 4 视图显示，如果要切换到单一的视图显示，可以单击界面右下角的 "最大化视口切换" 按钮，或按 Alt+W 组合键，如图 2-9 所示。

图 2-7

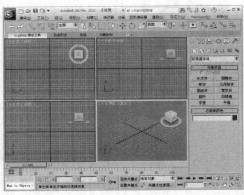

图 2-8

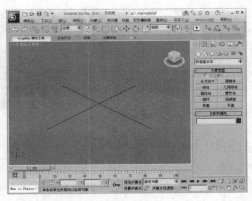

图 2-9

知识点——如何使用教学影片

在初次启动 3ds Max 2012 时，系统会自动弹出"欢迎使用 3ds Max"对话框，其中包括 6 个入门视频教程，如图 2-10 所示。

图 2-10

若想在启动 3ds Max 2012 时不弹出"欢迎使用 3ds Max"对话框，只需要在该对话框左下角关闭"在启动时显示此欢迎屏幕"选项即可，如图 2-11 所示；若要恢复"欢迎使用 3ds Max"对话框，可以执行"帮助/基本技能影片"菜单命令来打开该对话框，如图 2-12 所示。

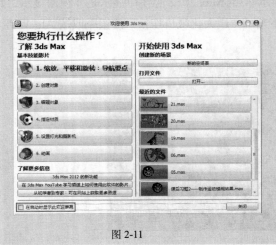

图 2-11

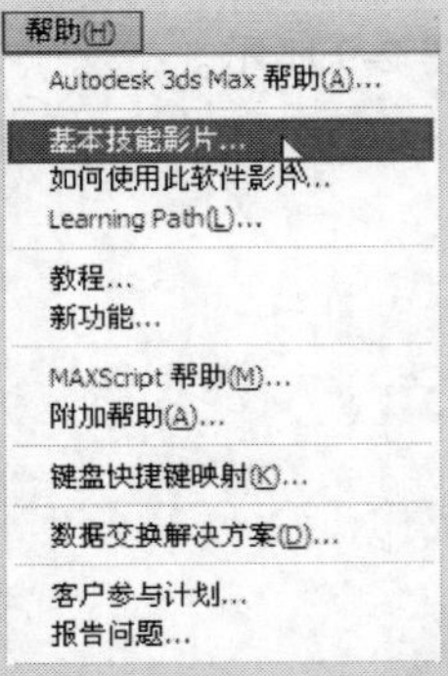

图 2-12

3ds Max 2012 的工作界面分为"标题栏"、"菜单栏"、"主工具栏"、视口区域、"命令"面板、"时间尺"、"状态栏"、时间控制按钮和视口导航控制按钮 9 大部分，如图 2-13 所示。

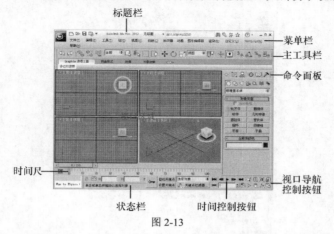

图 2-13

默认状态下的"主工具栏"和"命令"面板分别停靠在界面的上方和右侧，可以通过拖曳的方式将其移动到视图的其他位置，这时的"主工具栏"和"命令"面板将以浮动的面板形态呈现在视图中，如图 2-14 所示。

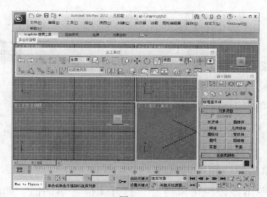

图 2-14

技巧与提示

若想将浮动的面板切换回停靠状态，可以将浮动的面板拖曳到任意一个面板或工具栏的边缘，或直接双击面板的标题也可返回到停靠状态。

2.2.1 标题栏

3ds Max 2012 的"标题栏"位于界面的最顶部。"标题栏"上包含当前编辑的文件名称、软件版本信息，同时还有软件图标（也称为应用程序按钮）、快速访问工具栏和信息中心 3 个非常人性化的工具栏，如图 2-15 所示。

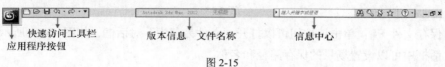

图 2-15

1. 软件图标

单击软件图标◎会弹出一个用于管理文件的下拉菜单。这个菜单与之前版本的"文件"菜单类似，主要包括"新建"、"重置"、"打开"、"保存"、"另存为"、"导入"、"导出"、"发送到"、"参考"、"管理"、"属性"和"最近使用的文档"12 个常用命令，如图 2-16 所示。

图 2-16

2. 快速访问工具栏

"快速访问工具栏"集合了用于管理场景文件的常用命令，便于用户快速管理场景文件，包括"新建"、"打开"、"保存"、"撤销"、"重做"和"隐藏菜单栏"6 个工具，同时用户也可以根据个人喜好对"快速访问工具栏"进行设置，如图 2-17 所示。

图 2-17

【命令详解】

◢　新建场景 □：单击该按钮可以新建一个场景。

◢　打开文件 ◌：单击该按钮可以打开"打开文件"对话框，如图 2-18 所示。在该对话框中可以选择要打开的文件夹。

图 2-18

◢　保存文件 ◱：单击该按钮可以打开"文件另存为"对话框，如图 2-19 所示。在该对话框中可以设置场景的保存路径和名称。

◢　自定义快速访问工具栏 ▾：单击该按钮可以打开一个下拉菜单，在该菜单下可以设置要显示的快速访问工具。比如，勾选"新建"命令，那么在"快速访问工具栏"上就会显示出"新建场景"工具 □。

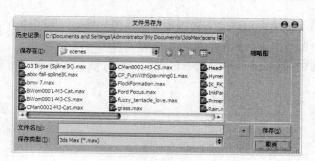

图 2-19

3. 信息中心

"信息中心"用于访问有关 3ds Max 2012 和 Autodesk 其他产品的信息。

2.2.2 菜单栏

"菜单栏"位于工作界面的顶端，包含"编辑"、"工具"、"组"、"视图"、"创建"、"修改器"、"动画"、"图形编辑器"、"渲染"、"自定义"、MAXScript（MAX 脚本）和"帮助"12 个主菜单，如图 2-20 所示。

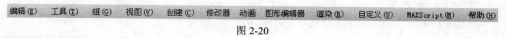

图 2-20

【菜单详解】

- 编辑："编辑"菜单主要包括"撤销"、"重做"、"暂存"、"取回"、"删除"、"克隆"、"移动"、"旋转"和"缩放"等常用命令，这些常用工具都配有快捷键，如图 2-21 所示。
- 工具："工具"菜单主要包括对物体进行操作的常用命令，这些命令在"主工具栏"中可以找到并可以直接使用，如图 2-22 所示。
- 组："组"菜单中的命令可以将场景中的两个或两个以上的物体编成一组，同样也可以将成组的物体拆分为单个物体，如图 2-23 所示。

图 2-21

图 2-22

图 2-23

- 视图："视图"菜单中的命令主要用来控制视图的显示方式以及视图的相关参数设置（例如视图的配置与导航器的显示等），如图 2-24 所示。

- 创建："创建"菜单中的命令主要用来创建几何物体、二维物体、灯光和粒子等，在"创建"面板中也可以执行相同的操作，如图 2-25 所示。
- 修改器："修改器"菜单中的命令包含了"修改器"面板中的所有修改器，如图 2-26 所示。

图 2-24　　　　　　　图 2-25　　　　　　　图 2-26

- 动画："动画"菜单主要用来制作动画，包括正向动力学、反向动力学以及创建和修改骨骼的命令，如图 2-27 所示。
- 图形编辑器："图形编辑器"菜单是场景元素之间用图形化视图方式来表达关系的菜单，包括 "轨迹视图-曲线编辑器"、"轨迹视图-摄影表"、"新建图解视图"和"粒子视图"等方式，如图 2-28 所示。
- 渲染："渲染"菜单主要是用于设置渲染参数，包括"渲染"、"环境"和"效果"等命令，如图 2-29 所示。

图 2-27　　　　　　　图 2-28　　　　　　　图 2-29

　　■　自定义："自定义"菜单主要用来更改用户界面或系统设置。通过这个菜单可以定制自己的界面，同时还可以对 3ds Max 系统进行设置，例如设置单位和自动备份文件等，如图 2-30 所示。

图 2-30

知识点——设置文件自动备份与单位

1. 设置文件自动备份

　　3ds Max 2012 在运行过程中对计算机的配置要求比较高，占用系统资源也比较大。在运行 3ds Max 2012 时，由于计算机配置较低和系统性能的不稳定性等原因会导致文件关闭或发生死机现象。当进行较为复杂的计算（如光影追踪渲染）时，一旦出现无法恢复的故障，就会丢失所做的各项操作，造成无法弥补的损失。

　　为了解决这类问题除了提高计算机硬件的配置外，还可以通过增强系统稳定性来减少死机现象。在一般情况下，可以通过以下 3 种方法来提高系统的稳定性。

　　第 1 种：要养成经常保存场景的习惯。

　　第 2 种：在运行 3ds Max 2012 时，尽量不要或少启动其他程序，而且硬盘也要留有足够的缓存空间。

　　第 3 种：如果当前文件发生了不可恢复的错误，可以通过备份文件来打开前面自动保存的场景。

　　下面介绍一下设置自动备份文件的方法。

　　执行"自定义/首选项"菜单命令，然后在弹出的"首选项设置"对话框中单击"文件"选项卡，接着在"自动备份"选项组下勾选"启用"选项，最后单击"确定"按钮 确定 ，如图 2-31 所示。如有特殊需要，可以适当加大或降低"Autobak 文件数"和"备份间隔（分钟）"的数值。

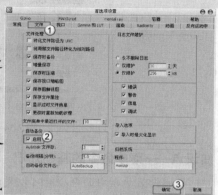

图 2-31

2. 设置单位

　　通常情况下，在制作场景之前都要对 3ds Max 的单位进行设置，这样才能制作出精确的对象。执行"自定义/单位设置"菜单命令，打开"单位设置"对话框，然后在"显示单位比例"选项组下选择一个"公制"单位（一般选择"毫米"），如图 2-32 所示，接着单击"系统单位设置"按钮 系统单位设置 ，打开"系统单位设置"对话框，最后选择一个"系统单位比例"（一般选择"毫米"），如图 2-33 所示。

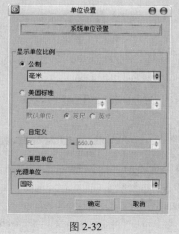

图 2-32

图 2-33

- MAXScript：3ds Max 支持脚本程序设计语言，可以书写脚本语言的短程序来自动执行某些命令。在 MAXScript（MAX 脚本）菜单中包括新建、测试和运行脚本的一些命令，如图 2-34 所示。
- 帮助："帮助"菜单中主要是 3ds Max 的一些帮助信息，可以供用户参考学习，如图 2-35所示。

图 2-34 　　　　图 2-35

知识点——菜单命令的基础知识

在执行菜单栏中的命令时可以发现，某些命令后面有与之对应的快捷键，如图 2-36 所示。如"移动"命令的快捷键为 W 键，也就是说按 W 键就可以切换到"选择并移动"工具。牢记这些快捷键能够节省很多操作时间。

若下拉菜单命令的后面带有省略号，则表示执行该命令后会弹出一个独立的对话框，如图2-37 所示。

若下拉菜单命令的后面带有小箭头图标，则表示该命令还含有子命令，如图 2-38 所示。

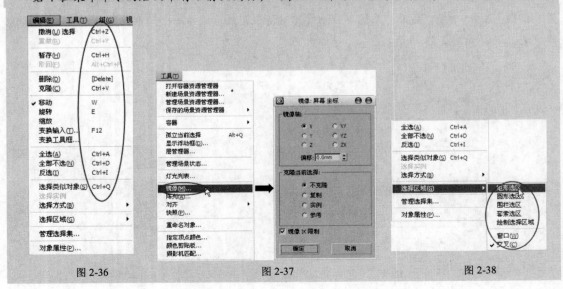

图 2-36 　　　　図 2-37 　　　　图 2-38

部分菜单命令的字母下有下画线，需要执行该命令时可以先按住 Alt 键，然后在键盘上按该命令所在主菜单的下画线字母，接着在键盘上按下拉菜单中该命令的下画线字母即可执行相应的命令。以"撤销"命令为例，先按住 Alt 键，然后按 E 键，接着按 U 键即可撤销当前操作，返回到上一步（按 Ctrl+Z 组合键也可以达到相同的效果），如图 2-39 所示。

仔细观察菜单命令，会发现某些命令显示为灰色，这表示这些命令不可用，这是因为在当前操作中该命令没有合适的操作对象。比如在没有选择任何对象的情况下，"组"菜单下的命令只有一个"集合"命令处于可用状态，如图 2-40 所示，而在选择了对象以后，"成组"命令和"集合"命令都可用，如图 2-41 所示。

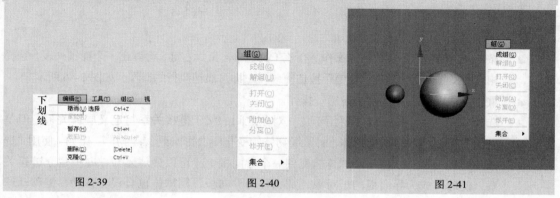

| 图 2-39 | 图 2-40 | 图 2-41 |

2.2.3 主工具栏

"主工具栏"中集合了最常用的一些编辑工具，图 2-42 所示为默认状态下的"主工具栏"。某些工具的右下角有一个三角形图标，单击该图标就会弹出下拉工具列表。以"捕捉开关"为例，单击"捕捉开关"按钮 3 就会弹出捕捉工具列表，如图 2-43 所示。

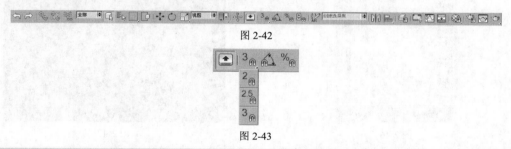

图 2-42

图 2-43

【技巧与提示】

若显示器的分辨率较低，"主工具栏"中的工具可能无法完全显示出来，这时可以将光标放置在"主工具栏"上的空白处，当光标变成手型 时使用鼠标左键左右移动"主工具栏"即可查看没有显示出来的工具。

在默认情况下，很多工具栏都处于隐藏状态，如果要调出这些工具栏，可以在"主工具栏"的空白处单击鼠标右键，然后在弹出的菜单中选择相应的工具栏即可，如图 2-44 所示。如果要调出所有隐藏的工具栏，可以执行"自定义/显示 UI/显示浮动工具栏"菜单命令，如图 2-45 所示，再次执行"显示浮动工具栏"命令可以将浮动的工具栏隐藏起来。

【技巧与提示】

按 Alt+6 组合键可以隐藏"主工具栏"，再次按 Alt+6 组合键可以显示出"主工具栏"。

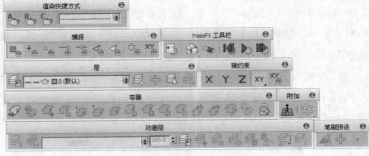

图 2-44　　　　　　　　　　　　　　　　　图 2-45

【工具详解】

- 撤销🔄：撤销上一步执行的操作。在该工具上单击鼠标右键，会弹出一个撤销列表，选择相应的操作以后，单击"撤销"按钮 ▢撤销 即可撤销执行的操作，如图 2-46 所示。
- 重做🔄：取消上一次的"撤销"操作。
- 选择并链接🔗：该工具主要用于建立对象之间的父子链接关系与定义层级关系，但是只能父级物体带动子级物体，而子级物体的变化不会影响到父级物体。比如，使用"选择并链接"工具🔗将一个球体拖曳到一个导向板上，可以让球体与导向板建立链接关系，使球体成为导向板的子对象，那么移动导向板，则球体也会跟着移动，但移动球体时，则导向板不会跟着移动，如图 2-47 所示。

图 2-46

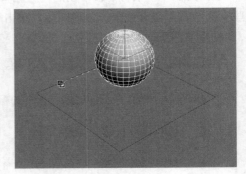

图 2-47

- 断开当前选择链接🔗：该工具与"选择并链接"工具🔗的作用恰好相反，用来断开链接关系。
- 过滤器 全部 ▾：主要用来过滤不需要选择的对象类型，这对于批量选择同一种类型的对象非常有用，如图 2-48 所示。比如在下拉列表中选择"L-灯光"选项，那么在场景中选择对象时，只能选择灯光，而几何体、图形、摄影机等对象不会被选中，如图 2-49 所示。
- 选择对象🖱：这是最重要的工具之一，主要用来选择对象，对于想选择对象而又不想移动它来说，这个工具是最佳选择。使用该工具单击对象即可选择相应的对象，如图 2-50 所示。

图 2-48

图 2-49

图 2-50

知识点——选择对象

上面介绍使用"选择对象"工具□单击对象即可将其选择，这只是选择对象的一种方法。下面介绍一下框选、加选、减选、反选、孤立选择对象的方法。

1. 框选对象

这是选择多个对象的常用方法之一，适合选择一个区域的对象，比如使用"选择对象"工具□在视图中拉出一个选框，那么处于该选框内的所有对象都将被选中（这里以在"过滤器"列表中选择"全部"类型为例），如图 2-51 所示。另外，在使用"选择对象"工具□框选对象时，按 Q 键可以切换选框的类型，比如当前使用的"矩形选择区域"□模式，按一次 Q 键可切换为"圆形选择区域"□模式，如图 2-52 所示，继续按 Q 键又会切换到"围栏选择区域"□模式、"套索选择区域"□模式、"绘制选择区域"□模式，并按此顺序循环下去。

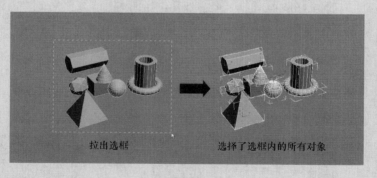

拉出选框　　　　　选择了选框内的所有对象

图 2-51

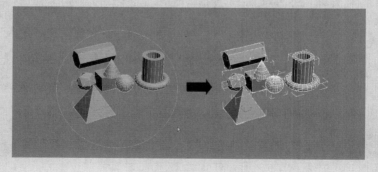

图 2-52

2. 加选对象

如果当前选择了一个对象，还想加选其他对象，可以按住 Ctrl 键单击其他对象，即可同时选择多个对象，如图 2-53 所示。

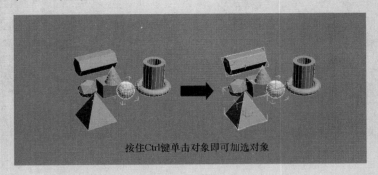

按住Ctrl键单击对象即可加选对象

图 2-53

3. 减选对象

如果当前选择了多个对象，想减去某个不想选择的对象，可以按住 Alt 键单击想要减去的对象，即可减去当前单击的对象，如图 2-54 所示。

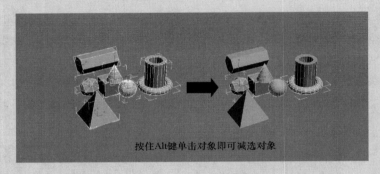

按住Alt键单击对象即可减选对象

图 2-54

4. 反选对象

如果当前选择了某些对象，想要反选其他的对象，可以按 Ctrl+I 组合键来完成，如图 2-55 所示。

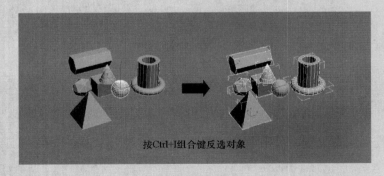

按Ctrl+I组合键反选对象

图 2-55

5. 孤立选择对象

这是一种特殊选择对象的方法，可以将选择的对象的单独显示出来，以便对其进行编辑，如图 2-56 所示。

切换孤立选择对象的方法主要有以下两种。

第 1 种：执行"工具/孤立当前选择"菜单命令或直接按 Alt+Q 组合键，如图 2-57 所示。

第 2 种：在视图中单击鼠标右键，然后在弹出的菜单中选择"孤立当前选择"命令，如图 2-58 所示。

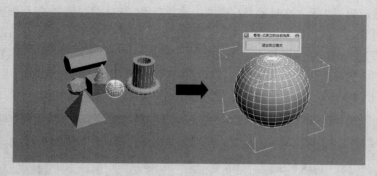

图 2-56

图 2-57

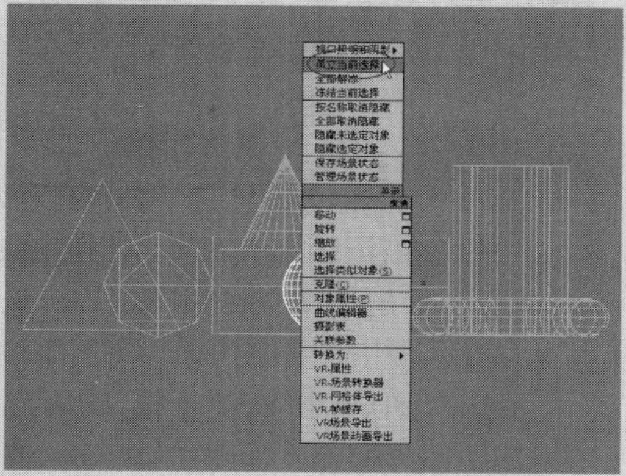

图 2-58

请大家牢记这几种选择对象的方法，这样在选择对象时可以达到事半功倍的效果。

- 按名称选择：单击该工具会弹出"从场景选择"对话框，在该对话框中选择对象的名称后，单击"确定"按钮确定即可将其选择。例如，在"从场景选择"该对话框中选择了 Sphere01，单击"确定"按钮确定后即可选择这个球体对象，可以按名称选择所需要的对象，如图 2-59 和图 2-60 所示。

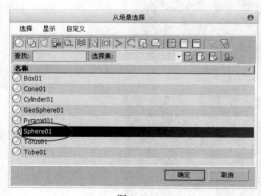

图 2-59

图 2-60

- 选择区域：选择区域工具包含 5 种模式，如图 2-61 所示，主要用来配合"选择对象"

工具 🔲 一起使用。在前面的"知识点"中已经介绍了其用法。

■ 窗口/交叉 🔲：当"窗口/交叉"工具处于突出状态（即未激活状态）时，其显示效果为 🔲，这时如果在视图中选择对象，那么只要选择的区域包含对象的一部分即可选中该对象，如图 2-62 所示；当"窗口/交叉"工具 🔲 处于凹陷状态（即激活状态）时，其显示效果为 🔲，这时如果在视图中选择对象，那么只有选择区域包含对象的全部才能将其选中，如图 2-63 所示。在实际工作中，一般都要让"窗口/交叉"工具 🔲 处于未激活状态。

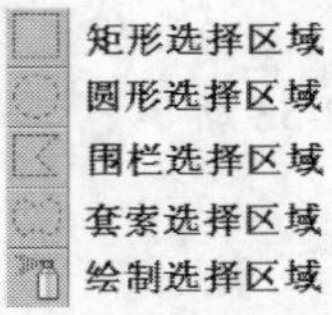

🔲	矩形选择区域
⬭	圆形选择区域
🔲	围栏选择区域
⬡	套索选择区域
🖌	绘制选择区域

图 2-61

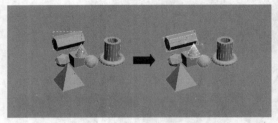

图 2-62

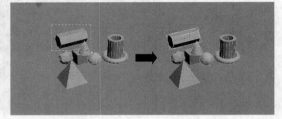

图 2-63

■ 选择并移动 ✛：这是最重要的工具之一（快捷键为 W 键），主要用来选择并移动对象，其选择对象的方法与"选择对象"工具 🔲 相同。使用"选择并移动"工具 ✛ 可以将选中的对象移动到任何位置。当使用该工具选择对象时，在视图中会显示出坐标移动控制器，在默认的四视图中只有透视图显示的是 x、y、z 这 3 个轴向，而其他 3 个视图中只显示其中的某两个轴向，如图 2-64 所示。若想要在多个轴向上移动对象，可以将光标放在轴向的中间，然后拖曳光标即可，如图 2-65 所示；如果想在单个轴向上移动对象，可以将光标放在这个轴向上，然后拖曳光标即可，如图 2-66 所示。

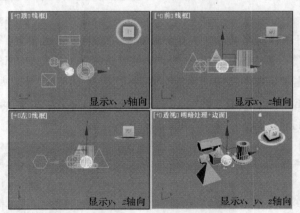

图 2-64

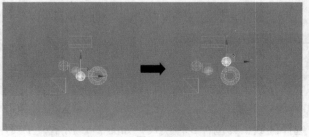

图 2-65

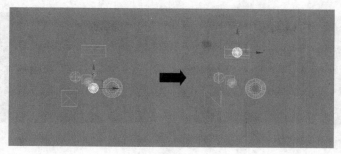

图 2-66

知识点——如何精确移动对象

若想将对象精确移动一定的距离，可以在"选择并移动"工具🔸上单击鼠标右键，然后在弹出的"移动变换输入"对话框中输入"绝对:世界"或"偏移:世界"的数值即可，如图 2-67 所示。

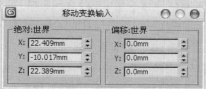

图 2-67

"绝对"坐标是指对象目前所在的世界坐标位置；"偏移"坐标是指对象以屏幕为参考对象所偏移的距离。

- 选择并旋转◎：这是最重要的工具之一（快捷键为 E 键），主要用来选择并旋转对象，其使用方法与"选择并移动"工具🔸相似。当该工具处于激活状态（选择状态）时，被选中的对象可以在 x、y、z 这 3 个轴上进行旋转。

> **技巧与提示**
>
> 如果要将对象精确旋转一定的角度，可以在"选择并旋转"按钮◎上单击鼠标右键，然后在弹出的"旋转变换输入"对话框中输入旋转角度即可，如图 2-68 所示。

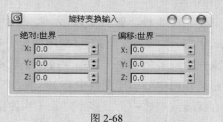

图 2-68

- 选择并缩放：这是最重要的工具之一（快捷键为 R 键），主要用来选择并缩放对象，选择并缩放工具包含 3 种，如图 2-69 所示。使用"选择并均匀缩放"工具🔲沿所有 3 个轴以相同量缩放对象，同时保持对象的原始比例，如图 2-70 所示；使用"选择并非均匀缩放"工具🔲可以根据活动轴约束以非均匀方式缩放对象，如图 2-71 所示；使用"选择并挤压"工具🔲可以创建"挤压和拉伸"效果，如图 2-72 所示。

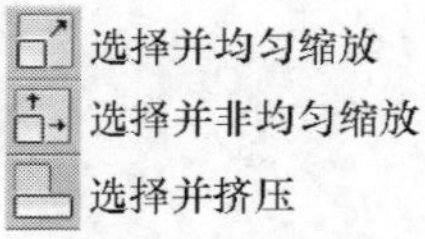

　🔲 选择并均匀缩放
　🔲 选择并非均匀缩放
　🔲 选择并挤压
　　　　图 2-69

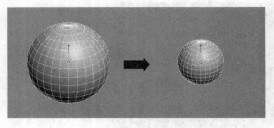

图 2-70 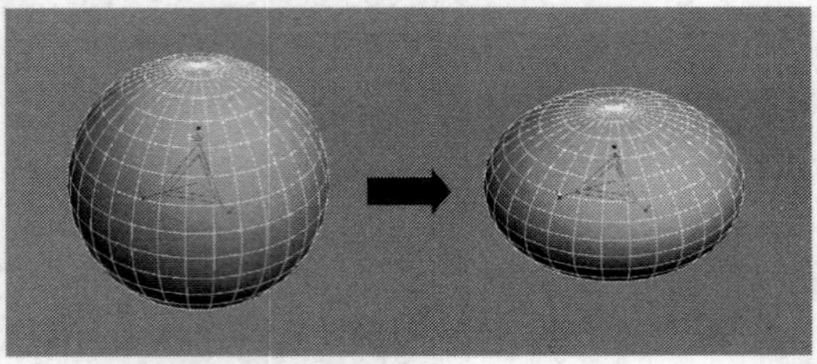   图 2-71

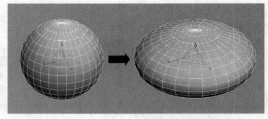

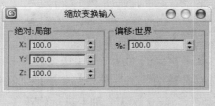

图 2-72

技巧与提示

　　同样选择并缩放工具也可以设定一个精确的缩放比例因子，具体操作方法就是在相应的工具上单击鼠标右键，然后在弹出的"缩放变换输入"对话框中输入相应的缩放比例数值即可，如图 2-73 所示。

图 2-73

▲ 参考坐标系："参考坐标系"可以用来指定变换操作（如移动、旋转、缩放等）所使用的坐标系统，包括视图、屏幕、世界、父对象、局部、万向、栅格、工作和拾取 9 种坐标系，如图 2-74 所示。

▲ 轴点中心：轴点中心工具 3 种，如图 2-75 所示。"使用轴点中心"工具 ▦ 可以围绕其各自的轴点旋转或缩放一个或多个对象；"使用选择中心"工具 ▦ 可以围绕其共同的几何中心旋转或缩放一个或多个对象（如果变换多个对象，该工具会计算所有对象的平均几何中心，并将该几何中心用作变换中心）；"使用变换坐标中心"工具 ▦ 可以围绕当前坐标系的中心旋转或缩放一个或多个对象（当使用"拾取"功能将其他对象指定为坐标系时，其坐标中心在该对象的轴的位置上）。

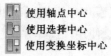

图 2-74   图 2-75

◢ 选择并操纵⬚：使用该工具可以在视图中通过拖曳"操纵器"来编辑修改器、控制器和某些对象的参数。

技巧与提示

"选择并操纵"工具⬚与"选择并移动"工具⬚不同，它的状态不是唯一的。只要选择模式或变换模式之一为活动状态，并且启用了"选择并操纵"工具⬚，就可以操纵对象。但是在选择一个操纵器辅助对象之前必须禁用"选择并操纵"工具⬚。

◢ 键盘快捷键覆盖切换⬚：当关闭该工具时，只识别"主用户界面"快捷键；当激活该工具时，可以同时识别主 UI 快捷键和功能区域快捷键。

◢ 捕捉开关：捕捉开关包含 3 种，如图 2-76 所示。"2D 捕捉"工具⬚主要用于捕捉活动的栅格；"2.5D 捕捉"工具⬚主要用于捕捉结构或捕捉根据网格得到的几何体；"3D 捕捉"工具⬚可以捕捉 3D 空间中的任何位置。

图 2-76

技巧与提示

在"捕捉开关"上单击鼠标右键，可以打开"栅格和捕捉设置"对话框，在该对话框中可以设置捕捉类型和捕捉的相关选项，如图 2-77 所示。

图 2-77

◢ 角度捕捉切换⬚：该工具可以用来指定捕捉的角度（快捷键为 A 键）。激活该工具后，角度捕捉将影响所有的旋转变换，在默认状态下以 5°为增量进行旋转。

技巧与提示

若要更改旋转增量，可以在"角度捕捉切换"工具⬚上单击鼠标右键，然后在弹出的"栅格和捕捉设置"对话框中单击"选项"选项卡，接着在"角度"选项后面输入相应的旋转增量角度即可，如图 2-78 所示。

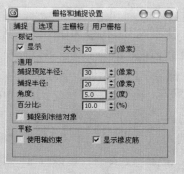

图 2-78

◢ 百分比捕捉切换⬚：该工具可以将对象缩放捕捉到自定的百分比（快捷键为

Shift+Ctrl+P 组合键），在缩放状态下，默认每次的缩放百分比为 10%。

技巧与提示

若要更改缩放百分比，可以在"百分比捕捉切换"工具 上单击鼠标右键，然后在弹出的"栅格和捕捉设置"对话框中单击"选项"选项卡，接着在"百分比"选项后面输入相应的百分比数值即可，如图 2-79 所示。

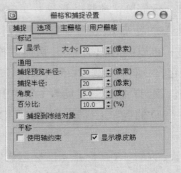

图 2-79

▄ 微调器捕捉切换 ：该工具可以用来设置微调器单次单击的增加值或减少值。

技巧与提示

若要设置微调器捕捉的参数，可以在"微调器捕捉切换"工具 上单击鼠标右键，然后在弹出的"首选项设置"对话框中单击"常规"选项卡，接着在"微调器"选项组下设置相关参数即可，如图 2-80 所示。

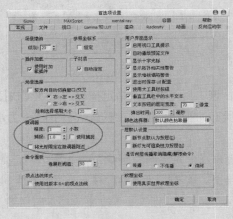

图 2-80

▄ 编辑命名选择集 ：使用该工具可以为单个或多个对象创建选择集。选中一个或多个对象后，单击"编辑命名选择集"工具 可以打开"命名选择集"对话框，在该对话框中可以创建新集、删除集以及添加、删除选定对象等操作，如图 2-81 所示。

▄ 创建选择集 创建选择集 ：如果选择了对象，在这里输入名称以后就可以创建一个新的选择集；如果已经创建了选择集，在列表中可以选择创建的集。

▄ 镜像 ：使用该工具可以围绕一个轴心镜像创建出一个或多个副本对象。选中要镜像的对象后，单击"镜像"工具 ，可以打开"镜像:世界坐标"对话框，在该对话框中可以对"镜像轴"、"克隆当前选择"和"镜像 IK 限制"进行设置，如图 2-82 所示。

图 2-81

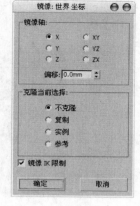

图 2-82

- 对齐：对齐工具包括 6 种，如图 2-83 所示。使用"对齐"工具 （快捷键为 Alt+A 组合键）可以将当前选定对象与目标对象进行对齐；使用"快速对齐"工具 （快捷键为 Shift+A 组合键）可以立即将当前选定对象的位置与目标对象的位置进行对齐；使用"法线对齐"工具 （快捷键为 Alt+N 组合键）可以基于每个对象的面或是以选择的法线方向来对齐两个对象；使用"放置高光"工具 （快捷键为 Ctrl+H 组合键）

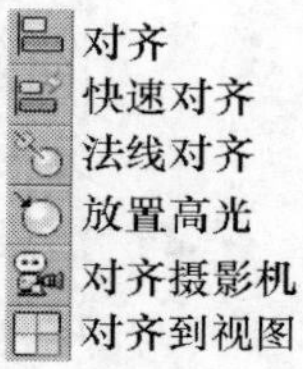

对齐
快速对齐
法线对齐
放置高光
对齐摄影机
对齐到视图

图 2-83

  可以将灯光或对象对齐到另一个对象，以便可以精确定位其高光或反射；使用"对齐摄影机"工具 可以将摄影机与选定的面法线进行对齐；使用"对齐到视图"工具 可以将对象或子对象的局部轴与当前视图进行对齐。

- 层管理器 ：使用该工具可以创建和删除层，也可以用来查看和编辑场景中所有层的设置以及与其相关联的对象。单击"层管理器"工具 可以打开"层"对话框，在该对话框中可以指定光能传递中的名称、可见性、渲染性、颜色以及对象和层的包含关系等，如图 2-84 所示。

- Graphite 建模工具 ：这是一种建模工具，与多边形建模相似，后面将有专门的内容对其进行介绍。

- 曲线编辑器（打开） ：单击该按钮可以打开"轨迹视图-曲线编辑器"对话框，如图 2-85 所示。"曲线编辑器"是一种"轨迹视图"模式，可以用曲线来表示运动，而"轨迹视图"模式可以使运动的插值以及软件在关键帧之间创建的对象变换更加直观化。

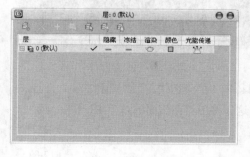

图 2-84

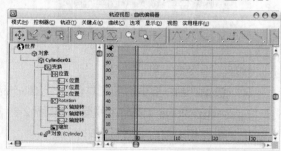

图 2-85

- 图解视图（打开）： "图解视图"是基于节点的场景图，通过它可以访问对象的属性、材质、控制器、修改器、层次和不可见场景关系，同时在"图解视图"对话框中可以查看、创建并编辑对象间的关系，也可以创建层次、指定控制器、材质、修改器和约束等，如图 2-86 所示。

图 2-86

- 材质编辑器：这是最重要的编辑器之一（快捷键为 M 键），在后面的章节中将有专门的内容对其进行介绍，主要用来编辑材质对象的材质。3ds Max 2012 的"材质编辑器"分为"精简材质编辑器" 和"Slate 材质编辑器" 两种。
- 渲染设置：单击该按钮或按 F10 键可以打开"渲染设置"对话框，几乎所有的渲染设置参数都可在该对话框中完成，如图 2-87 所示。"渲染设置"对话框同样非常重要，在后面的章节中也有专门的内容对其进行介绍。
- 渲染帧窗口：单击该按钮可以打开"渲染帧窗口"对话框，在该对话框中可执行选择渲染区域、切换图像通道和储存渲染图像等任务，如图 2-88 所示。"渲染帧窗口"对话框在后面的章节中也有相应的内容进行介绍。

图 2-87

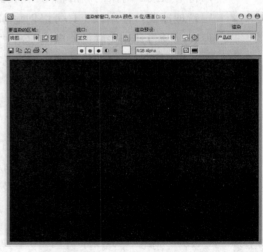

图 2-88

- 渲染产品：渲染产品工具包含"渲染产品"工具 、"渲染迭代"工具 和 ActiveShade 工具 3 种类型，如图 2-89 所示。这 3 种工具在后面的章节中也有相应的内容进行介绍。

图 2-89

2.2.4　视口区域

视口区域是操作界面中最大的一个区域，也是 3ds Max 中用于实际工作的区域，默认状态下为四视图显示，包括顶视图、左视图、前视图和透视图 4 个视图，在这些视图中可以从不同的角度对场景中的对象进行观察和编辑。

　　每个视图的左上角都会显示视图的名称以及模型的显示方式，右上角有一个导航器（不同视图显示的状态也不同），如图 2-90 所示。

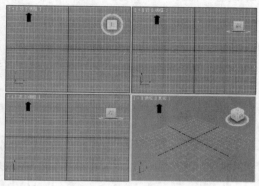

图 2-90

技巧与提示

　　常用的几种视图都有其相对应的快捷键，顶视图的快捷键是 T 键，底视图的快捷键是 B 键，左视图的快捷键是 L 键，前视图的快捷键是 F 键，透视图的快捷键是 P 键，摄影机视图的快捷键是 C 键。

　　3ds Max 2012 中视图的名称被分为 3 个小部分，用鼠标右键分别单击这 3 个部分会弹出不同的菜单，如图 2-91、图 2-92、图 2-93 所示。第 1 个菜单用于还原、激活、禁用视口以及设置导航器等；第 2 个菜单用于切换视口的类型；第 3 个菜单用于设置对象在视口中的显示方式。

图 2-91

图 2-92

图 2-93

2.2.5 命令面板

"命令"面板非常重要，场景对象的操作都可以在"命令"面板中完成。"命令"面板由 6 个用户界面面板组成，默认状态下显示的是"创建"面板，其他面板分别是"修改"面板、"层次"面板、"运动"面板、"显示"面板和"实用程序"面板，如图 2-94 所示。

1. 创建面板

"创建"面板是最重要的面板之一，在该面板中可以创建 7 种对象，分别是"几何体"、"图形"、"灯光"、"摄影机"、"辅助对象"、"空间扭曲"和"系统"，如图 2-95 所示。

图 2-94

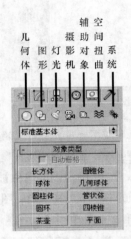

图 2-95

【参数详解】

- 几何体：主要用来创建长方体、球体和锥体等基本几何体，同时也可以创建出高级几何体，比如布尔、阁楼以及粒子系统中的几何体。
- 图形：主要用来创建样条线和 NURBS 曲线。

> **技巧与提示**
>
> 虽然样条线和 NURBS 曲线能够在 2D 空间或 3D 空间中存在，但是它们只有一个局部维度，可以为形状指定一个厚度以便于渲染，但这两种线条主要用于构建其他对象或运动轨迹。

- 灯光：主要用来创建场景中的灯光。灯光的类型有很多种，每种灯光都可以用来模拟现实世界中的灯光效果。
- 摄影机：主要用来创建场景中的摄影机。
- 辅助对象：主要用来创建有助于场景制作的辅助对象。这些辅助对象可以定位、测量场景中的可渲染几何体，并且可以设置动画。
- 空间扭曲：使用空间扭曲功能可以在围绕其他对象的空间中产生各种不同的扭曲效果。
- 系统：可以将对象、控制器和层次对象组合在一起，提供与某种行为相关联的几何体，并且包含模拟场景中的阳光系统和日光系统。

> **技巧与提示**
>
> 关于各种对象的创建方法将在后面中的章节中进行详细讲解。

2. 修改面板

"修改"面板是最重要的面板之一，该面板主要用来调整场景对象的参数，同样可以使用该面板中的修改器来调整对象的几何形体，图2-96所示为默认状态下的"修改"面板。

图 2-96

> **技巧与提示**
>
> 关于如何在"修改"面板中修改对象的参数将在后面的章节中进行详细讲解。

3. 层次面板

在"层次"面板中可以访问调整对象间的层次链接信息，通过将一个对象与另一个对象相链接，可以创建对象之间的父子关系，如图2-97所示。

【参数详解】

- 轴 轴 ：该工具下的参数主要用来调整对象和修改器中心位置，以及定义对象之间的父子关系和反向动力学IK的关节位置等，如图2-98所示。
- IK IK ：该工具下的参数主要用来设置动画的相关属性，如图2-99所示。

图 2-97

图 2-98

图 2-99

- 链接信息 链接信息 ：该工具下的参数主要用来限制对象在特定轴中的移动关系，如图2-100所示。

4. 运动面板

- "运动"面板中的工具与参数主要用来调整选定对象的运动属性，如图2-101所示。

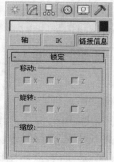

图 2-100

图 2-101

技巧与提示

　　可以使用"运动"面板中的工具来调整关键点的时间及缓入和缓出效果。"运动"面板还提供了"轨迹视图"的替代选项来指定动画控制器。如果指定的动画控制器具有参数，则在"运动"面板中可以显示其他卷展栏；如果"路径约束"指定给对象的位置轨迹，则"路径参数"卷展栏将添加到"运动"面板中。

5. 显示面板

　　"显示"面板中的参数主要用来设置场景中控制对象的显示方式，如图 2-102 所示。

6. 实用程序面板

　　在"实用程序"面板中可以访问各种工具程序，包含用于管理和调用的卷展栏，如图 2-103 所示。

图 2-102

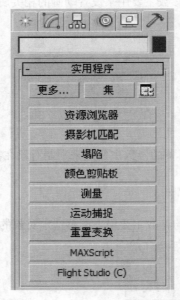

图 2-103

2.2.6　时间尺

　　"时间尺"包括时间线滑块和轨迹栏两大部分。时间线滑块位于视图的最下方，主要用于制定帧，默认的帧数为 100 帧，具体数值可以根据动画长度来进行修改。拖曳时间线滑块可以在帧之间迅速移动，单击时间线滑块左右的向左箭头图标 < 与向右箭头图标 > 可以向前或者向后移动一帧，如图 2-104 所示。轨迹栏位于时间线滑块的下方，主要用于显示帧数和选定对象的关键点，在这里可以移动、复制、删除关键点以及更改关键点的属性，如图 2-105 所示。

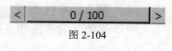

图 2-104

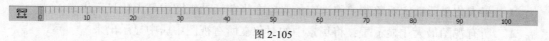

图 2-105

技巧与提示

在"轨迹栏"的左侧有一个"打开迷你曲线编辑器"按钮，单击该按钮可以显示轨迹视图。

2.2.7 状态栏

状态栏位于轨迹栏的下方，它提供了选定对象的数目、类型、变换值和栅格数目等信息，并且状态栏可以基于当前光标位置和当前活动程序来提供动态反馈信息，如图 2-106 所示。

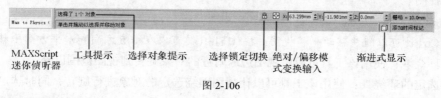

图 2-106

2.2.8 时间控制按钮

时间控制按钮位于状态栏的右侧。这些按钮主要用来控制动画的播放效果，包括关键点控制和时间控制等，如图 2-107 所示。

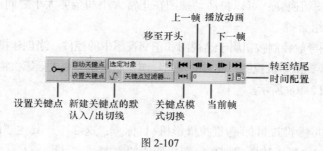

图 2-107

技巧与提示

关于时间控制按钮的用法将在后面的动画章节中进行详细介绍。

2.2.9 视图导航控制按钮

视图导航控制按钮在状态栏的最右侧，主要用来控制视图的显示和导航。使用这些按钮可以缩放、平移和旋转活动的视图，如图 2-108 所示。

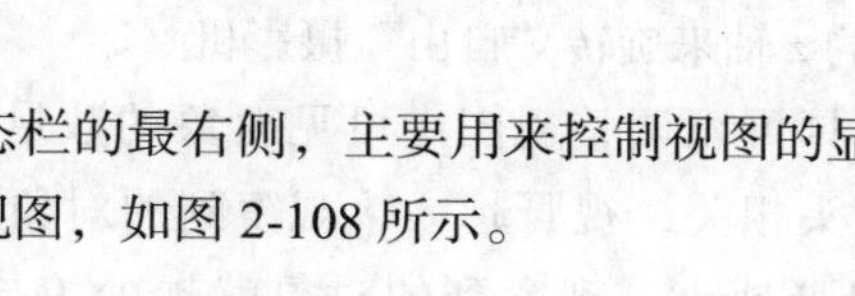

缩放所有视图　最大化显示

缩放 ── ┃ 　　　 ┃ ── 所有视图最大化显示
缩放区域 ── 　　　 ── 最大化视图切换

平移视图　环绕子对象

图 2-108

【工具详解】

　　缩放：使用该工具可以在透视图或正交视图中通过拖曳光标来调整对象的显示比例。

- 缩放所有视图 ⊞：使用该工具可以同时调整透视图和所有正交视图（正交视图包括顶视图、前视图和左视图）中的对象的显示比例。
- 最大化显示 ▣：将当前活动视图最大化显示出来。
- 最大化显示选定对象 ▣：将选定的对象在当前活动视图中最大化显示出来。
- 所有视图最大化显示 ⊞：将场景中的对象在所有视图中居中显示出来。
- 所有视图最大化显示选定对象 ⊞：将所有可见的选定对象或对象集在所有视图中以居中最大化的方式显示出来。
- 缩放区域 ▣：可以放大选定的矩形区域，该工具适用于正交视图、透视和三向投影视图，但不能用于摄影机视图。
- 平移视图 ✋：使用该工具可以将选定视图平移到任何位置。按住鼠标中键也可以平移视图。

技巧与提示

按住 Ctrl 键可以随意移动平移视图；按住 Shift 键可以在垂直方向和水平方向平移视图。

- 环绕 ⊿：使用该工具可以将视图边缘附近的对象旋转到视图范围以外。
- 选定的环绕 ⊿：使用该工具可以让视图围绕选定的对象进行旋转，同时选定的对象会保留在视图中相同的位置。
- 环绕子对象 ⊿：使用该工具可以让视图围绕选定的子对象或对象进行旋转的同时，使选定的子对象或对象保留在视图中相同的位置。
- 最大化视图切换 ▣：可以将活动视图在正常大小和全屏大小之间进行切换，其快捷键为 Alt+W 组合键。

上面所讲的视图导航控制按钮属于透视图和正交视图中的控件。当创建摄影机以后，按 C 键切换到摄影机视图，此时的视图导航控制按钮会变成摄影机视图导航控制按钮，如图 2-109 所示。

图 2-109

【工具详解】

- 推拉摄影机 ✦/推拉目标 ✦/推拉摄影机+目标 ✦：这 3 个工具主要用来移动摄影机或其目标，同时也可以移向或移离摄影机所指的方向。
- 透视 ▽：使用该工具可以增加透视张角量，同时也可以保持场景的构图。
- 侧滚摄影机 Ω：使用该工具可以围绕摄影机的视线来旋转"目标"摄影机，同时也可以围绕摄影机局部的 z 轴来旋转"自由"摄影机。
- 视野 ▷：使用该工具可以调整视图中可见对象的数量和透视张角量。视野的效果与更改摄影机的镜头相关，视野越大，观察到的对象就越多（与广角镜头相关），而透视会扭曲。视野越小，观察到的对象就越少（与长焦镜头相关），而透视会展平。
- 平移摄影机 ✋/穿行 ▣：这两个工具主要用来平移和穿行摄影机视图。

技巧与提示

按住 Ctrl 键可以随意移动摄影机视图；按住 Shift 键可以将摄影机视图在垂直方向和水平方向进行移动。

- 环游摄影机 ◎/摇移摄影机 ◈：使用"环游摄影机"工具 ◎ 可以围绕目标来旋转摄影机；使用"摇移摄影机"工具 ◈ 可以围绕摄影机来旋转目标。

在场景中创建摄影机后，按C键可以切换到摄影机视图，若想从摄影机视图切换回原来的视图，可以按相应视图名称的首字母。比如要将摄影机视图切换回透视图，可以直接按P键。

【课堂举例】——制作一个变形茶壶

【案例学习目标】采用修改器制作一个变形茶壶，通过这个案例，让学生了解修改器的加载方法，案例效果如图 2-110 所示。

【案例知识要点】掌握修改器的加载方法。

【案例文件位置】第 2 章/案例文件/课堂举例——制作一个变形茶壶.max。

【视频教学位置】第 2 章/视频教学/课堂举例——制作一个变形茶壶.flv。

图 2-110

【操作步骤】

（1）在"创建"面板中单击"几何体"按钮，然后单击"茶壶"按钮　茶壶　，接着在场景中创建一个茶壶，如图 2-111 所示。

（2）选择茶壶，然后在"命令"面板中单击"修改"按钮，进入"修改"面板，接着在"参数"卷展栏下设置"半径"为 200mm、"分段"为 10，最后关闭"壶盖"选项，具体参数设置如图 2-112 所示。

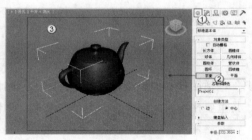

图 2-111

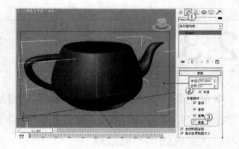

图 2-112

（3）在"修改器列表"右侧单击下拉箭头，然后在下拉列表中选择"FFD 2×2×2"修改器，如图 2-113 所示。

（4）在"FFD 2×2×2"修改器左侧单击图标，展开次物体层次列表，然后选择"控制点"次物体层级，如图 2-114 所示。

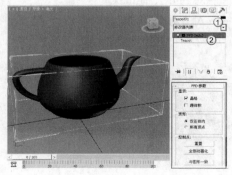

图 2-113

图 2-114

（5）在视图中调整橘黄色外框的控制点，如图 2-115 所示，最终效果如图 2-116 所示。

图 2-115

图 2-116

【课堂练习】——创建椅子副本对象

【案例学习目标】使用"镜像"工具 ▶◀ 来镜像复制椅子，如图 2-117 所示。

【案例知识要点】掌握"镜像"工具 ▶◀ 的使用方法。

【素材文件位置】第 2 章/素材文件/课堂练习——创建椅子副本对象.max。

【视频教学位置】第 2 章/视频教学/课堂练习——创建椅子副本对象.flv。

图 2-117

2.3 本章小结

本章主要介绍了 3ds Max 一些重要的基础知识，包括用户界面构成以及各种常用工具的使用方法。这是学习 3ds Max 软件技能的必备基础，其重要性不言而喻，大家要认真掌握，多做练习，达到熟能生巧的效果。

【课后练习】——对齐办公椅

【案例学习目标】使用"对齐"工具 ◆ 来调整模型的位置，使模型变得整齐对称，案例效果如图 2-118 所示。

【案例知识要点】掌握"对齐"工具 ◆ 的运用方法。

【素材文件位置】第 2 章/素材文件/课后练习——对齐办公椅.max。

【视频教学位置】第 2 章/视频教学/课后练习——对齐办公椅.flv。

图 2-118

第 3 章

建模技术

本章主要讲解 3ds Max 的建模技术。建模是 3ds Max 最基本的操作技术，也是一切 3D 制作的根本，创建任何 3D 作品都是从基本建模开始。由于 3ds Max 的建模工具非常多，有很多工具也非常复杂，就效果图制作来讲，使用的都是一些比较常用的工具，而这些正是本章要重点介绍的，比如基本体建模、复合对象建模、二维图形建模、多边形建模，以及使用修改器制作复杂模型等。

课堂学习目标

- 了解建模的思路
- 掌握创建标准基本体的方法
- 掌握创建扩展基本的方法
- 掌握创建复合对象的方法
- 掌握创建二维图形的方法
- 掌握多边形建模方法
- 掌握样条线建模方法
- 掌握常用修改器的使用方法

3.1 建模常识

使用 3ds Max 制作作品时，一般都遵循"建模→材质→灯光→渲染"这 4 个基本流程。建模是效果图制作的基础，没有模型，材质和灯光就无从谈起。图 3-1 所示为两幅非常优秀的建模作品。

图 3-1

3.1.1 建模思路分析

在开始学习建模之前首先需要了解建模的思路。在 3ds Max 中，建模的过程就相当于现实生活中的雕刻过程。下面以一个壁灯为例来讲解建模的思路，如图 3-2 所示。

在创建这个壁灯模型的过程中首先可以将其分解为 9 个独立的部分分别进行创建，如图 3-3 所示。

图 3-2

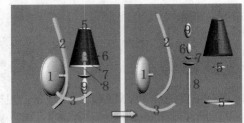

图 3-3

在图 3-3 中：第 2、3、5、6、9 部分的创建非常简单，可以通过修改内置模型（圆柱体、球体、样条线等）来得到；而第 1、4、7、8 部分可以使用多边形建模方法来进行制作。

下面以第 1 部分的灯座来介绍一下其制作思路。灯座形状比较接近于半个扁的球体，因此可以采用以下步骤来完成，如图 3-4 所示。

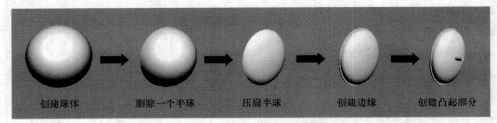

创建球体　　删除一个半球　　压扁半球　　创建边缘　　创建凸起部分

图 3-4

第 1 步：创建一个球体。

第 2 步：删除球体的一半。

第 3 步：将半个球体"压扁"。

第 4 步：制作出灯座的边缘。

第 5 步：制作前面的突出部分。

技巧与提示

大多数模型的创建在最初都是需要有一个简单的对象作为基础，然后经过转换来进一步调整。这个简单的对象就是后面将要讲到的"参数化对象"。

3.1.2 参数化对象与可编辑对象

3ds Max 中的所有对象都是"参数化对象"或"可编辑对象"中的一种。两者并非独立存在的，"可编辑对象"在多数时候都可以通过转换"参数化对象"来得到。

1. 参数化对象

"参数化对象"是指对象的几何体由参数的变量来控制，修改这些参数就可以修改对象的几何形态。相对于"可编辑对象"而言，"参数化对象"通常是被创建出来的。

2. 可编辑对象

通常情况下，"可编辑对象"包括可编辑样条线、可编辑网格、可编辑多边形、可编辑面片和 NURBS 对象。"参数化对象"是被创建出来的，而"可编辑对象"通常是通过转换而得到的，用来转换的对象就是"参数化对象"。

通过转换生成的"可编辑对象"没有"参数化对象"的参数那么灵活，但是"可编辑对象"可以对子对象（点、线、面等元素）进行更灵活地编辑和修改，并且每种类型的"可编辑对象"都有很多用于编辑的工具。

技巧与提示

注意，上面讲的是通常情况下的"可编辑对象"所包含的类型，而 NURBS 对象是一个例外。NURBS 对象可以通过转换得来，还可以直接在"创建"面板中创建出来，此时创建出来的对象就是"参数化对象"，但是经过修改以后，这个对象就变成了"可编辑对象"。

经过转换而成的"可编辑对象"就不再具有"参数化对象"的可调参数。如果想要对象既具有参数化的特征，又能够实现可编辑的目的，这时可以为"参数化对象"加载修改器而不进行转换。可用的修改器有"可编辑网格"、"可编辑面片"、"可编辑多边形"和"可编辑样条线"4 种。

3.1.3 建模的常用方法

建模的方法有很多种，大致可以分为内置几何体建模、复合对象建模、二维图形建模、网格建模、多边形建模、面片建模和 NURBS 建模 7 种。确切地说它们不应该有固定的分类，因为它们之间都可以交互使用。在下面的内容中将对这些建模方法进行详细介绍。

1. 内置模型建模

内置模型是 3ds Max 中自带的一些模型，用户可以直接调用这些模型。比如想创建一个台阶，可以使用内置的几何体模型来创建，然后将其转换为"可编辑对象"，再对其进一步调节就行了。

图 3-5 是一个奖杯模型，这个模型全是用内置模型创建出来的，为了能直观地观察出不同部分，所以每个部分都用了不同的颜色，看起来一目了然。

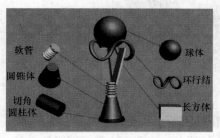

软管
圆锥体
切角圆柱体
球体
环行结
长方体

图 3-5

使用基本几何形体和扩展几何形体来建模的优点在于快捷简单，只调节参数和摆放位置就可以完成模型的创建，但是这种建模方法只适合制作一些精度较低并且每个部分都很规则的物体。

2. 复合对象建模

复合对象建模是一种特殊的建模方法，它包括"变形"、"散布"、"一致"、"连接"、"水滴网格"、"图形合并"、"布尔"、"地形"、"放样"、"网格化"、ProBoolean 和 ProCuttler。复合对象建模可以将两种或两种以上的模型对象合并成为一个对象，并且在合并的过程中将其记录成动画。

比如要在一个石块上创建出附着的小石块，这时可以使用"散布"工具 散布 将小石块散布在大石块上，如图 3-6 所示。

图 3-6

若想要为一个角色创建脸部的表情动画，可以使用"变形"工具 变形 来变形脸部的各部分，然后将其设置为关键帧动画，如图 3-7 所示。

图 3-7

3. 二维图形建模

通常情况下，二维物体在三维世界中是不可见的，3ds Max 也渲染不出来。这里所说的二维图形建模是通过创建出二维线，然后通过修改器将其转换为三维可渲染对象的过程。

使用二维图形建模的方法可以快速地创建出可渲染的文字模型。如图 3-8 所示，第 1 个物体是二维线，后面的两个是为二维线添加了不同修改器后的三维物体效果。

除了可以使用二维图形创建文字模型外，还可以用来创建比较复杂的物体，比如对称的坛子，可以先创建出纵向截面的二维线，然后为二维线添加修改器将其变成三维物体，如图 3-9 所示。

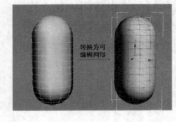

图 3-8

图 3-9

图 3-10

4. 网格建模

网格建模方法就像"编辑网格"修改器一样，可以在 3 种子对象层级上编辑物体，其中包含了顶点、边和面 3 种可编辑的对象。在 3ds Max 中，可以将大多数对象转换为可编辑网格对象，然后对形状进行调整，图 3-10 是将一个药丸模型转换为可编辑网格对象，其表面就变成了可编辑的三角面。

5. 多边形建模

多边形建模方法是最常用的建模方法（在后面章节中将重点讲解）。可编辑多边形对象包括顶点、边、边界、多边形和元素 5 个层级，也就是说可以分别对顶点、边、边界、多边形和元素进行调整，而每个层级都有很多可以使用的工具，这就为创建复杂模型提供了很大的发挥空间。

图 3-11

下面以一个沙发为例来分析多边形建模，如图 3-11 所示。

图 3-12 所示为沙发在四视图中的显示效果，可以观察出沙发不是由规则几何形体拼凑而成的，但每一部分都是由基本几何形体变形而来的，从布线上可以看出构成模型的物体大多都是四边面，这就是使用多边形建模方法创建出的模型的显著特点。

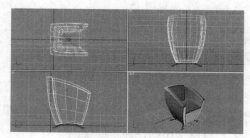

图 3-12

技巧与提示

　　初次接触网格建模和多边形建模时可能会难以辨别这两种建模方式的区别。网格建模本来是 3ds Max 最基本的多边形加工方法，但在 3ds Max 4 之后被多边形建模代替了，之后网格建模逐渐被忽略，不过网格建模的稳定性要高于多边形建模。多边形建模是当前最流行的建模方法，而且建模技术很先进，有着比网格建模更多更方便的修改功能。

　　其实这两种方法在建模上的思路基本相同，不同点在于网格建模所编辑的对象是三边面，而多边形建模所编辑的对象是三边面、四边面或更多边的面，因此多边形建模具有更强的灵活性。

6. 面片建模

　　面片建模是基于子对象编辑的建模方法，面片对象是一种独立的模型类型，可以使用编辑贝兹曲线的方法来编辑曲面的形状，并且可以使用较少的控制点来控制很大的区域，因此常用于创建较大的平滑物体。

　　以一个面片为例，将其转换为可编辑面片后，选中一个点，然后随意调整这个点的位置，可以观察到凸起的部分是一个圆滑的部分，如图 3-13（左）所示。而同样形状的物体，转换成可编辑多边形后，调整点的位置，该点凸起的部分会非常尖锐，如图 3-13（右）所示。

7. NURBS 建模

　　NURBS 是指 Non-Uniform Rational B-Spline（非均匀有理 B 样条曲线）。NURBS 建模适用于创建比较复杂的曲面。在场景中创建出 NURBS 曲线，然后进入"修改"面板，NURBS 工具箱就会自动弹出来，如图 3-14 所示。

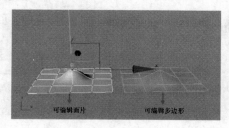

图 3-13

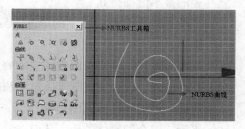

图 3-14

技巧与提示

　　NURBS 建模已成为设置和创建曲面模型的标准方法。这是因为很容易交互操纵这些 NURBS 曲线，且创建 NURBS 曲线的算法效率很高，计算稳定性也很好，同时 NURBS 自身还配置了一套完整的造型工具，通过这些工具可以创建出不同类型的对象。同样，NURBS 建模也是基于对子对象的编辑来创建对象，所以掌握了多边形建模方法之后，使用 NURBS 建模方法就会更加轻松一些。

3.2 创建标准基本体

标准基本体是 3ds Max 中自带的一些模型，用户可以直接创建出这些模型。比如想创建一个柱子，可以使用圆柱体来创建。

在"创建"面板中单击"几何体"按钮 ◯，然后在下拉列表中选择几何体类型为"标准基本体"。标准基本体包含 10 种对象类型，分别是长方体、圆锥体、球体、几何球体、圆柱体、管状体、圆环、四棱锥、茶壶和平面，如图 3-15 所示。

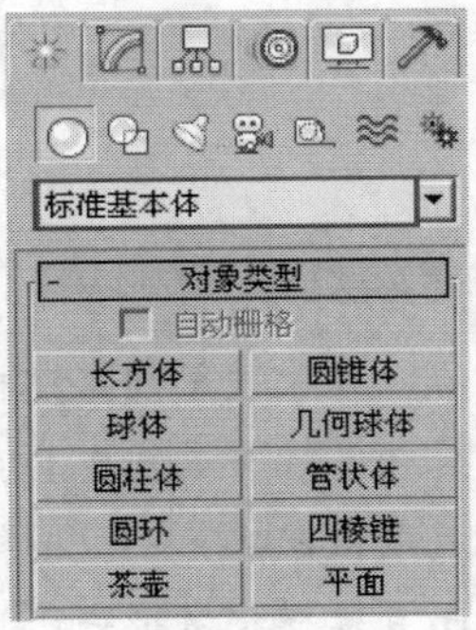

图 3-15

3.2.1 长方体

长方体是建模中最常用的几何体，现实中与长方体接近的物体有很多。可以直接使用长方体创建出很多模型，比如圆桌、墙体等，同时还可以将长方体用作多边形建模的基础物体。长方体的参数很简单，如图 3-16 所示。

【参数详解】

- 长度/宽度/高度：这 3 个参数决定了长方体的外形，用来设置长方体的长度、宽度和高度。
- 长度分段/宽度分段/高度分段：这 3 个参数用来设置沿着对象每个轴的分段数量。

图 3-16

3.2.2 圆锥体

圆锥体在现实生活中经常看到，比如冰激凌的外壳、吊坠等。圆锥体的参数设置面板如图 3-17 所示。

【参数详解】

- 半径 1/半径 2：设置圆锥体的第 1 个半径和第 2 个半径，两个半径的最小值都是 0。
- 高度：设置沿着中心轴的维度。负值将在构造平面下面创建圆锥体。
- 高度分段：设置沿着圆锥体主轴的分段数。
- 端面分段：设置围绕圆锥体顶部和底部的中心的同心分段数。
- 边数：设置圆锥体周围边数。
- 平滑：混合圆锥体的面，从而在渲染视图中创建平滑的外观。
- 启用切片：控制是否开启"切片"功能。
- 切片起始/结束位置：设置从局部 x 轴的零点开始围绕局部 z 轴的度数。

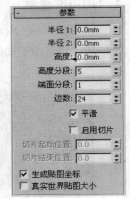

图 3-17

技巧与提示

对于"切片起始位置"和"切片结束位置"这两个选项，正数值将按递时针移动切片的末端，负数值将按顺时针移动切片的末端。

3.2.3 球体

球体也是现实生活中最常见的物体。在 3ds Max 中，可以创建完整的球体，也可以创建半球体或球体的其他部分，其参数设置面板如图 3-18 所示。

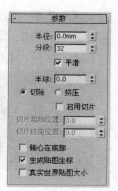

图 3-18

【参数详解】

- 半径：指定球体的半径。
- 分段：设置球体多边形分段的数目。分段越多，球体越圆滑，反之则越粗糙，图 3-19 所示为"分段"值分别为 8 和 32 时的球体对比。
- 平滑：混合球体的面，从而在渲染视图中创建平滑的外观。
- 半球：该值过大将从底部"切断"球体，以创建部分球体，取值范围可以从 0~1。值为 0 可以生成完整的球体；值为 0.5 可以生成半球，如图 3-20 所示；值为 1 会使球体消失。

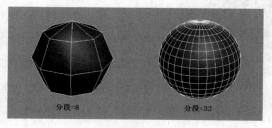

图 3-19

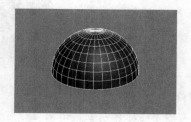

图 3-20

- 切除：通过在半球断开时将球体中的顶点数和面数"切除"来减少它们的数量。
- 挤压：保持原始球体中的顶点数和面数，将几何体向着球体的顶部挤压为越来越小的体积。
- 轴心在底部：在默认情况下，轴点位于球体中心的构造平面上，如图 3-21 所示。如果勾选"轴心在底部"选项，则会将球体沿着其局部 z 轴向上移动，使轴点位于其底部，如图 3-22 所示。

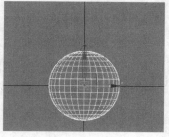

图 3-21

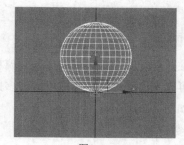

图 3-22

3.2.4 几何球体

几何球体的形状与球体的形状很接近，学习了球体的参数之后，几何球体的参数就不难理解了，如图 3-23 所示。

图 3-23

【参数详解】

- 基点面类型：选择几何球体表面的基本组成类型，可供选择的有"四面体"、"八面体"和"二十面体"，图 3-24 所示分别为这 3 种基点面的效果。

- 平滑：勾选该选项后，创建出来的几何球体的表面就是光滑的，如果关闭该选项，效果则反之，如图 3-25 所示。
- 半球：若勾选该选项，创建出来的几何球体会是一个半球体，如图 3-26 所示。

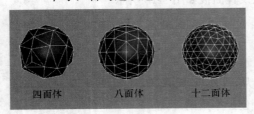

四面体　　　　八面体　　　　十二面体

图 3-24

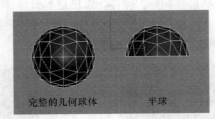

勾选平滑　　　关闭平滑

图 3-25

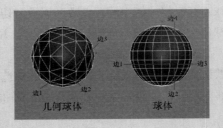

完整的几何球体　　　半球

图 3-26

技巧与提示

几何球体与球体在创建出来之后可能很相似，但几何球体是由三角面构成的，而球体是由四角面构成的，如图 3-27 所示。

几何球体　　　　球体

图 3-27

3.2.5 圆柱体

圆柱体在现实中很常见，比如玻璃杯和桌腿等。制作由圆柱体构成的物体时，可以先将圆柱体转换成可编辑多边形，然后对细节进行调整。圆柱体的参数如图 3-28 所示。

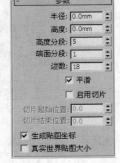

图 3-28

【参数详解】

- 半径：设置圆柱体的半径。
- 高度：设置沿着中心轴的维度。负值将在构造平面下面创建圆柱体。
- 高度分段：设置沿着圆柱体主轴的分段数量。
- 端面分段：设置围绕圆柱体顶部和底部的中心的同心分段数量。
- 边数：设置圆柱体周围的边数。

3.2.6 管状体

管状体的外形与圆柱体相似，不过管状体是空心的，因此管状体有两个半径，即外径和内径（半径 1 和半径 2）。管状体的参数如图 3-29 所示。

【参数详解】

⌐ 半径 1/半径 2："半径 1"是指管状体的外径，"半径 2"是指管状体的内径，如图 3-30 所示。

图 3-29

图 3-30

⌐ 高度：设置沿着中心轴的维度。负值将在构造平面下面创建管状体。

⌐ 高度分段：设置沿着管状体主轴的分段数量。

⌐ 端面分段：设置围绕管状体顶部和底部的中心的同心分段数量。

⌐ 边数：设置管状体周围边数。

3.2.7 圆环

圆环可以用于创建环形或具有圆形横截面的环状物体。圆环的参数如图 3-31 所示。

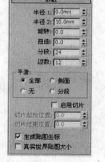

图 3-31

【参数详解】

⌐ 半径 1：设置从环形的中心到横截面圆形的中心的距离，这是环形环的半径。

⌐ 半径 2：设置横截面圆形的半径。

⌐ 旋转：设置旋转的度数，顶点将围绕通过环形环中心的圆形非均匀旋转。

⌐ 扭曲：设置扭曲的度数，横截面将围绕通过环形中心的圆形逐渐旋转。

⌐ 分段：设置围绕环形的分段数目。通过减小该数值，可以创建多边形环，而不是圆形。

⌐ 边数：设置环形横截面圆形的边数。通过减小该数值，可以创建类似于棱锥的横截面，而不是圆形。

3.2.8 四棱锥

四棱锥的底面是正方形或矩形，侧面是三角形。四棱锥的参数如图 3-32 所示。

【参数详解】

⌐ 宽度/深度/高度：设置四棱锥对应面的维度。

⌐ 宽度分段/深度分段/高度分段：设置四棱锥对应面的分段数。

3.2.9 茶壶

茶壶在室内场景中是经常使用到的一个物体，使用"茶壶"工具 <u>　茶壶　</u> 可以方便快捷地创建出一个精度较低的茶壶。茶壶的参数如图 3-33 所示。

【参数详解】

⌐ 半径：设置茶壶的半径。

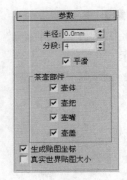

图 3-32　　　　　　　　　　　　图 3-33

- 分段：设置茶壶或其单独部件的分段数。
- 平滑：混合茶壶的面，从而在渲染视图中创建平滑的外观。
- 茶壶部件：选择要创建的茶壶的部件，包含"壶体"、"壶把"、"壶嘴"和"壶盖"4个部件，图 3-34 所示为一个完整的茶壶与缺少相应部件的茶壶。

图 3-34

3.2.10　平面

平面在建模过程中使用的频率非常高，例如墙面和地面等。平面的参数如图 3-35 所示。

图 3-35

【参数详解】

- 长度/宽度：设置平面对象的长度和宽度。
- 长度分段/宽度分段：设置沿着对象每个轴的分段数量。

技巧与提示

在默认情况下创建出来的平面是没有厚度的，如果要让平面产生厚度，需要为平面加载"壳"修改器，然后适当调整"内部量"和"外部量"数值即可，如图 3-36 所示。关于修改器的用法将在后面的章节中进行讲解。

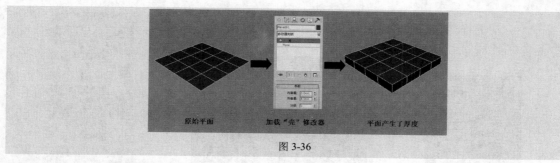

图 3-36

【课堂举例】——制作简约边几

【案例学习目标】使用"长方体"和"圆柱体"等工具来创建边几,案例效果如图 3-37 所示。

【案例知识要点】掌握"长方体"和"圆柱体"等建模命令的运用方法。

【案例文件位置】第 3 章/案例文件/课堂举例——制作简约边几.max。

【视频教学位置】第 3 章/视频教学/课堂举例——制作简约边几.flv。

图 3-37

【操作步骤】

(1)下面创建边几面和腿部模型。在"创建"面板中单击"圆柱体"按钮 圆柱体 ,然后在顶视图中创建一个圆柱体,接着在"参数"卷展栏下设置"半径"为 950mm、"高度"为 150mm、"边数"为 36,具体参数设置如图 3-38 所示,模型效果如图 3-39 所示。

图 3-38

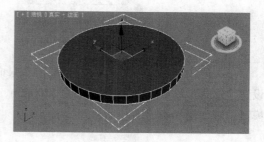

图 3-39

(2)使用"长方体"工具 长方体 在桌面底部创建一个长方体,然后在"参数"卷展栏下设置"长度"为 1600mm,"宽度"为 130mm,"高度"为 130mm,如图 3-40 所示,接着使用"选择并旋转"工具 将其旋转一定的角度,如图 3-41 所示。

(3)选择上一步创建的长方体,在"命令"面板中单击"层次"按钮 ,然后单击"轴"按钮 轴 ,接着单击"仅影响轴"按钮 仅影响轴 ,最后将轴心点调整到桌面的中心位置,具体设置如图 3-42 所示,视图中的模型效果如图 3-43 所示。

图 3-40　　　　　　　　　　　　　　图 3-41　　　　　　　　　　　　　　图 3-42

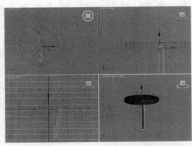

图 3-43

（4）单击"仅影响轴"按钮 <u>仅影响轴</u> ，退出"仅影响轴"模式，按住 Shift 键的同时使用"选择并旋转"工具 ○ 旋转复制长方体（旋转角度为 – 90°），然后在弹出的对话框中设置"对象"为"复制"、"副本数"为 4，接着单击"确定"按钮 <u>确定</u> ，具体设置如图 3-44 所示，复制后的效果如图 3-45 所示。

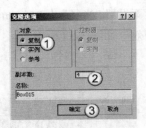

图 3-44　　　　　　　　　　　　　　　　　图 3-45

（5）使用"长方体"工具 <u>长方体</u> 在桌面底部创建一个长方体，然后在"参数"卷展栏下设置"长度"为 130mm、"宽度"为 1400mm、"高度"为 100mm，具体参数设置如图 3-46 所示，模型位置如图 3-47 所示。

图 3-46　　　　　　　　　　　　　　　图 3-47

（6）按住 Shift 键的同时使用"选择并旋转"工具○将上一步创建的长方体旋转 90°复制，如图 3-48 所示。

（7）下面创建底座模型。使用"长方体"工具 长方体 在桌腿底部创建一个长方体，然后在"参数"卷展栏下设置"长度"为 150mm、"宽度"为 1100mm、"高度"为 120mm，具体参数设置如图 3-49 所示，模型如图 3-50 所示。

图 3-48

图 3-49

图 3-50

（8）按住 Shift 键的同时使用"选择并旋转"工具○将上一步创建的长方体旋转 90°复制，简约茶几模型最终效果如图 3-51 所示。

图 3-51

【课堂练习】——制作书桌

【案例学习目标】学习使用"长方体"工具，并用移动复制功能复制长方体，如图 3-52 所示。

【案例知识要点】掌握"长方体"建模命令的使用方法。

【案例文件位置】第 3 章/案例文件/课堂练习——制作书桌.max。

图 3-52

【视频教学位置】第 3 章/视频教学/课堂练习——制作书桌.flv。

本练习的制作步骤解析如图 3-53 所示。

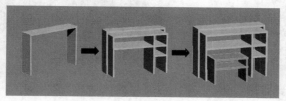
图 3-53

3.3 创建扩展基本体

"扩展基本体"是基于"标准基本体"的一种扩展物体，共有 13 种，分别是异面体、环形结、切角长方体、切角圆柱体、油罐、胶囊、纺锤、L-Ext、球棱柱、C-Ext、环形波、棱柱和软管，如图 3-54 所示。

图 3-54

并不是所有的扩展基本体都很实用，本节只讲解在实际工作中比较常用的一些扩展基本体，即异面体、切角长方体和切角圆柱体。

3.3.1 异面体

异面体是一种很典型的扩展基本体，可以用它来创建四面体、立方体和星形等。异面体的参数如图 3-55 所示。

【参数详解】

◢ 系列：在这个选项组下可以选择异面体的类型，图 3-56 所示为 5 种异面体效果。

图 3-55

图 3-56

◢ 系列参数：P、Q 两个选项主要用来切换多面体顶点与面之间的关联关系，其数值范围为 0～1。

◢ 轴向比率：多面体可以拥有多达 3 种多面体的面，如三角形、方形或五角形。这些面可以是规则的，也可以是不规则的。如果多面体只有一种或两种面，则只有一个或两个轴向比率参数处于活动状态，不活动的参数不起作用。P、Q、R 控制多面体一个面反射的轴。如果调整了参数，单击"重置"按钮 重置 可以将 P、Q、R 的数值恢复到默认值 100。

- 顶点：这个选项组中的参数决定多面体每个面的内部几何体。"中心"和"中心和边"选项会增加对象中的顶点数，因从而增加面数。
- 半径：设置任何多面体的半径。

3.3.2 切角长方体

切角长方体是长方体的扩展物体，可以方便快捷地创建出带圆角效果的长方体。切角长方体的参数如图 3-57 所示。

【参数详解】

- 长度/宽度/高度：用来设置切角长方体的长度、宽度和高度。
- 圆角：切开倒角长方体的边，以创建圆角效果，图 3-58 所示是长度、宽度和高度相等，而"圆角"值分别为 1mm、3mm、6mm 时的切角长方体效果。

图 3-57

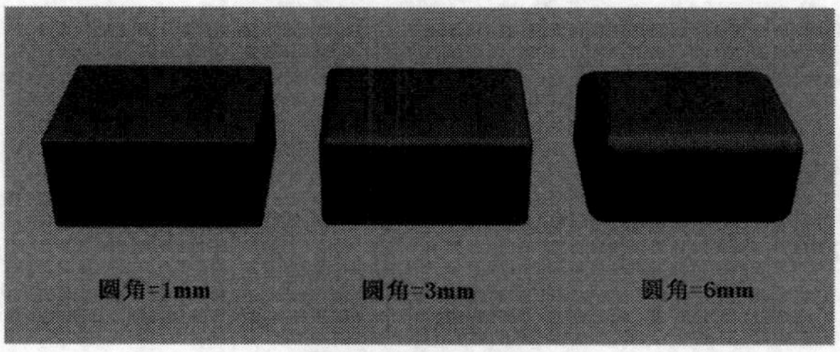

圆角=1mm   圆角=3mm   圆角=6mm

图 3-58

- 长度分段/宽度分段/高度分段：设置沿着相应轴的分段数量。
- 圆角分段：设置切角长方体圆角边时的分段数。

3.3.3 切角圆柱体

切角圆柱体是圆柱体的扩展，可以快速创建出带圆角效果的圆柱体。切角圆柱体的参数如图 3-59 所示。

切角圆柱体重要参数介绍

- 半径：设置切角圆柱体的半径。
- 高度：设置沿着中心轴的维度。负值将在构造平面下面创建切角圆柱体。
- 圆角：斜切切角圆柱体的顶部和底部封口边。
- 高度分段：设置沿着相应轴的分段数量。
- 圆角分段：设置切角圆柱体圆角边时的分段数。
- 边数：设置切角圆柱体周围的边数。
- 端面分段：设置沿着切角圆柱体顶部和底部的中心和同心分段的数量。

图 3-59

【课堂举例】——制作单人沙发

【案例学习目标】使用扩展基本体建模工具来制作沙发模型，案例效果如图 3-60 所示。

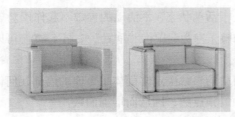

图 3-60

【案例知识要点】学习"切角长方体"工具、"切角圆柱体"工具的使用方法。

【案例文件位置】第 3 章/案例文件/课堂举例——制作单人沙发.max。

【视频教学位置】第 3 章/视频教学/课堂举例——制作单人沙发.flv。

【操作步骤】

（1）下面创建靠背和座垫模型。使用"切角长方体"工具 切角长方体 在场景中创建一个切角长方体，然后在"参数"卷展栏下设置"长度"为 150mm、"宽度"为 150mm、"高度"为 54mm、"圆角"为 8mm、"圆角分段"为 8，具体参数设置如图 3-61 所示，模型效果如图 3-62 所示。

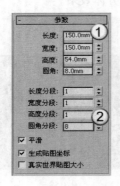

图 3-61

图 3-62

（2）继续使用"切角长方体"工具 切角长方体 在场景中创建一个切角长方体，然后在"参数"卷展栏下设置"长度"为 150mm、"宽度"为 90mm、"高度"为 25mm、"圆角"为 5mm、"圆角分段"为 8，具体参数设置如图 3-63 所示，模型位置如图 3-64 所示。

图 3-63

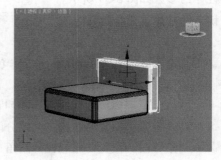

图 3-64

（3）使用"选择并移动"工具 ✛ 选择上一步创建的切角长方体，然后按住 Shift 键的同时移动复制 5 个切角长方体到图 3-65 所示的位置。

（4）使用"切角长方体"工具 切角长方体 在场景中创建一个切角长方体，然后在"参数"卷展栏下设置"长度"为170mm、"宽度"为90mm、"高度"为25mm、"圆角"为5mm、"圆角分段"为8，具体参数设置如图3-66所示，模型位置如图3-67所示。

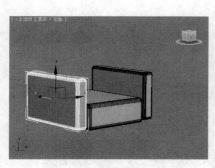

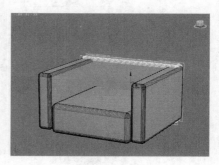

图3-65　　　　　　　　　　图3-66　　　　　　　　　　图3-67

（5）继续使用"切角长方体"工具 切角长方体 在场景中创建一个切角长方体，然后在"参数"卷展栏下设置"长度"为70mm、"宽度"为50mm、"高度"为25mm、"圆角"为3mm、"圆角分段"为8，具体参数设置3-68所示，模型位置如图3-69所示。

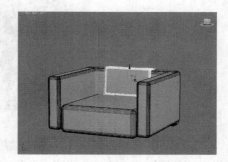

图3-68　　　　　　　　　　　　　　　图3-69

（6）使用"切角圆柱体"工具 切角圆柱体 在靠背上创建一个切角圆柱体，然后在"参数"卷展栏下设置"半径"为9mm、"高度"为120mm、"圆角"为0.5mm、"边数"为24，具体参数设置如图3-70所示，模型位置如图3-71所示。

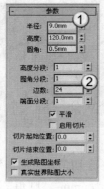

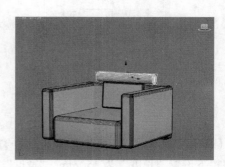

图3-70　　　　　　　　　　　　　　　图3-71

（7）下面创建底座模型。使用"切角长方体"工具 切角长方体 在侧面创建一个切角长方体，然后在"参数"卷展栏下设置"长度"为 150mm、"宽度"为 85mm、"高度"为 6mm、"圆角"为 0mm，具体参数设置如图 3-72 所示，模型位置如图 3-73 所示。

图 3-72

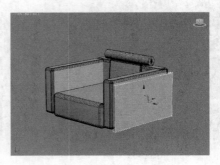

图 3-73

（8）使用"选择并移动"工具 选择上一步创建的切角长方体，然后按住 Shift 键的同时移动复制一个切角长方体到另外一侧，如图 3-74 所示。

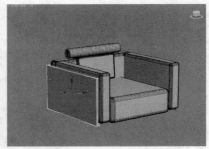

图 3-74

（9）使用"切角长方体"工具 切角长方体 在背面创建一个切角长方体，然后在"参数"卷展栏下设置"长度"为 180mm、"宽度"为 83mm、"高度"为 6mm、"圆角"为 0mm，具体参数设置如图 3-75 所示，模型位置如图 3-76 所示。

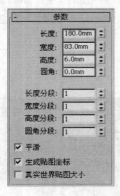

图 3-75

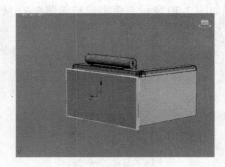

图 3-76

（10）继续使用"切角长方体"工具 切角长方体 在底部创建一个切角长方体，然后在"参数"卷展栏下设置"长度"为 150mm、"宽度"为 182mm、"高度"为 6mm、"圆角"为 0mm，具体参数设置如图 3-77 所示，模型位置如图 3-78 所示。

图 3-77

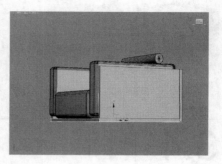

图 3-78

（11）再次使用"切角长方体"工具 切角长方体 在底部创建一个切角长方体，然后在"参数"卷展栏下设置"长度"为 120mm、"宽度"为 150mm、"高度"为 13mm、"圆角"为 0mm，具体参数设置如图 3-79 所示，模型位置如图 3-80 所示。

图 3-79

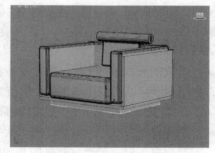

图 3-80

单人沙发模型的最终效果如图 3-81 所示。

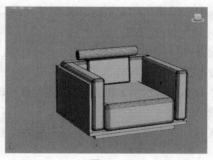

图 3-81

【课堂练习】——制作餐桌椅

【案例学习目标】使用扩展基本体建模工具来制作餐桌椅模型，案例效果如图 3-82 所示。

【案例知识要点】学习"切角长方体"工具的使用方法。

【案例文件位置】第 3 章/案例文件/课堂练习——制作餐桌椅.max。

【视频教学位置】第 3 章/视频教学/课堂练习——制作餐桌椅.flv。

本练习的制作步骤解析如图 3-83 所示。

图 3-82

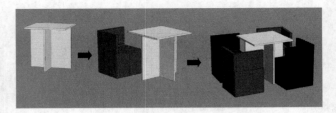

图 3-83

3.4 创建复合对象

使用 3ds Max 内置的模型就可以创建出很多优秀的模型，但是在很多时候还会使用复合对象，因为使用复合对象来创建模型可以大大节省建模时间。复合对象建模工具包括 10 种，如图 3-84 所示。

3.4.1 图形合并

使用"图形合并"工具 图形合并 可以将一个或多个图形嵌入到其他对象的网格中或从网格中将图形移除。"图形合并"的参数如图 3-85 所示。

图 3-84

【参数详解】

- 拾取图形 拾取图形 ：单击该按钮，然后单击要嵌入网格对象中的图形，这样图形可以沿图形局部的 z 轴负方向投射到网格对象上。
- 参考/复制/移动/实例：指定如何将图形传输到复合对象中。
- 操作对象：在复合对象中列出所有操作对象。第 1 个操作对象是网格对象，以下是任意数目的基于图形的操作对象。
- 删除图形 删除图形 ：从复合对象中删除选中图形。
- 提取操作对象 提取操作对象 ：提取选中操作对象的副本或实例。在"操作对象"列表中选择操作对象时，该按钮才可用。
- 实例/复制：指定如何提取操作对象。
- 操作：该组选项中的参数决定如何将图形应用于网格中。选择"饼切"选项时，可切去网格对象曲面外部的图形；选择"合并"选项时，可将图形与网格对象曲面合并；选择"反转"选项时，可反转"饼切"或"合并"效果。
- 输出子网格选择：该组选项中的参数提供了指定将哪个选择级别传送到"堆栈"中。

图 3-85

3.4.2 布尔

布尔运算是通过对两个以上的对象进行并集、差集、交集运算，从而得到新的物体形态。布尔运算的参数如图 3-86 所示。

【参数详解】

- 拾取运算对象 B 拾取操作对象 B ：单击该按钮可以在场景中选择另一个运算物体来完成布尔运算。以下 4 个选项用来控制运算对象 B 的方式，必须在拾取运算对象 B 之前确定采用哪种方式。

⊿ 参考：将原始对象的参考复制品作为运算对象 B，若以后改变原始对象，同时也会改变布尔物体中的运算对象 B，但是改变运算对象 B 时，不会改变原始对象。

⊿ 复制：复制一个原始对象作为运算对象 B，而不改变原始对象（当原始对象还要用在其他地方时采用这种方式）。

⊿ 移动：将原始对象直接作为运算对象 B，而原始对象本身不再存在（当原始对象无其他用途时采用这种方式）。

⊿ 实例：将原始对象的关联复制品作为运算对象 B，若以后对两者的任意一个对象进行修改时都会影响另一个。

⊿ 操作对象：主要用来显示当前运算对象的名称。

⊿ 操作：指定采用何种方式来进行"布尔"运算。

图 3-86

⊿ 并集：将两个对象合并，相交的部分将被删除，运算完成后两个物体将合并为一个物体。

⊿ 交集：将两个对象相交的部分保留下来，删除不相交的部分。

⊿ 差集（A-B）：在 A 物体中减去与 B 物体重合的部分。

⊿ 差集（B-A）：在 B 物体中减去与 A 物体重合的部分。

⊿ 切割：用 B 物体切除 A 物体，但不在 A 物体上添加 B 物体的任何部分，共有"优化"、"分割"、"移除内部"和"移除外部"4 个选项可供选择。"优化"是在 A 物体上沿着 B 物体与 A 物体相交的面来增加顶点和边数，以细化 A 物体的表面；"分割"是在 B 物体切割 A 物体部分的边缘，并且增加了一排顶点，利用这种方法可以根据其他物体的外形将一个物体分成两部分；"移除内部"是删除 A 物体在 B 物体内部的所有片段面；"移除外部"是删除 A 物体在 B 物体外部的所有片段面。

3.4.3 放样

"放样"是将一个二维图形作为沿某个路径的剖面，从而形成复杂的三维对象。"放样"是一种特殊的建模方法，能快速地创建出多种模型，其参数设置面板如图 3-87 所示。

【参数详解】

⊿ 获取路径 获取路径 ：将路径指定给选定图形或更改当前指定的路径。

⊿ 获取图形 获取图形 ：将图形指定给选定路径或更改当前指定的图形。

图 3-87

⊿ 移动/复制/实例：用于指定路径或图形转换为放样对象的方式。

⊿ 缩放 缩放 ：使用"缩放"变形可以从单个图形中放样对象，该图形在其沿着路径移动时只改变其缩放。

⊿ 扭曲 扭曲 ：使用"扭曲"变形可以沿着对象的长度创建盘旋或扭曲的对象，扭曲将沿着路径指定旋转量。

⊿ 倾斜 倾斜 ：使用"倾斜"变形可以围绕局部 x 轴和 y 轴旋转图形。

⊿ 倒角 倒角 ：使用"倒角"变形可以制作出具有倒角效果的对象。

拟合 [拟合]：使用"拟合"变形可以使用两条拟合曲线来定义对象的顶部和侧剖面。

3.5 创建二维图形

图 3-88

二维图形是由一条或多条样条线组成，而样条线又是由顶点和线段组成。所以只需要调整顶点及样条线的参数就可以生成复杂的二维图形，利用这些二维图形又可以生成三维模型。

在"创建"面板中单击"图形"按钮，然后设置图形类型为"样条线"，这里有 11 种样条线，分别是线、矩形、圆、椭圆、弧、圆环、多边形、星形、文本、螺旋线和截面，如图 3-88 所示。

3.5.1 线

线在建模中是最常用的一种样条线，其使用方法非常灵活，形状也不受约束，可以封闭也可以不封闭，拐角处可以是尖锐也可以是平滑的。线的参数如图 3-89 所示。

【参数详解】

图 3-89

- 在渲染中启用：勾选该选项才能渲染出样条线；若不勾选，将不能渲染出样条线。
- 在视口中启用：勾选该选项后，样条线会以网格的形式显示在视图中。
- 使用视口设置：该选项只有在开启"在视口中启用"选项时才可用，主要用于设置不同的渲染参数。
- 生成贴图坐标：控制是否应用贴图坐标。
- 真实世界贴图大小：控制应用于对象的纹理贴图材质所使用的缩放方法。
- 视口/渲染：当勾选"在视口中启用"选项时，样条线将显示在视图中；当同时勾选"在视口中启用"和"渲染"选项时，样条线在视图中和渲染中都可以显示出来。
- 径向：将 3D 网格显示为圆柱形对象，其参数包含"厚度"、"边"和"角度"。"厚度"选项用于指定视图或渲染样条线网格的直径，其默认值为 1mm，范围为 0～100mm；"边"选项用于在视图或渲染器中为样条线网格设置边数或面数（例如值为 4 表示一个方形横截面）；"角度"选项用于调整视图或渲染器中的横截面的旋转位置。
- 矩形：将 3D 网格显示为矩形对象，其参数包含"长度"、"宽度"、"角度"和"纵横比"。"长度"选项用于设置沿局部 y 轴的横截面大小；"宽度"选项用于设置沿局部 x 轴的横截面大小；"角度"选项用于调整视图或渲染器中的横截面的旋转位置；"纵横比"选项用于设置矩形横截面的纵横比。
- 自动平滑：启用该选项可以激活下面的"阈值"选项，调整"阈值"数值可以自动平滑样条线。

- 步数：手动设置每条样条线的步数。
- 优化：勾选该选项后，可以从样条线的直线线段中删除不需要的步数。
- 自适应：勾选该选项后，系统会自适应设置每条样条线的步数，以生成平滑的曲线。
- 初始类型：指定创建第 1 个顶点的类型，包含"角点"和"平滑"两种类型。"角点"是在顶点产生一个没有弧度的尖角；"平滑"是在顶点产生一条平滑、不可调整的曲线。
- 拖动类型：当拖曳顶点位置时，设置所创建顶点的类型。"角点"是在顶点产生一个没有弧度的尖角；"平滑"是在顶点产生一条平滑、不可调整的曲线；Bezier 是在顶点产生一条平滑、可以调整的曲线。

3.5.2 文本

使用文本样条线可以很方便地在视图中创建出文字模型，并且可以更改字体类型和字体大小。文本的参数如图 3-90 所示（"渲染"和"插值"两个卷展栏中的参数与"线"工具的参数相同）。

【参数详解】

- 斜体 I：单击该按钮可以将文本切换为斜体，如图 3-91 所示。
- 下画线 U：单击该按钮可以将文本切换为下画线文本，如图 3-92 所示。

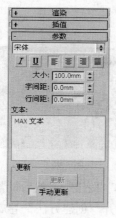

图 3-90

图 3-91　　　　　　　图 3-92

- 左对齐：单击该按钮可以将文本对齐到边界框的左侧。
- 居中：单击该按钮可以将文本对齐到边界框的中心。
- 右对齐：单击该按钮可以将文本对齐到边界框的右侧。
- 对正：分隔所有文本行以填充边界框的范围。
- 大小：设置文本高度，其默认值为 100mm。
- 字间距：设置文字间的间距。
- 行间距：调整字行间的间距（只对多行文本起作用）。
- 文本：在此可以输入文本，若要输入多行文本，可以按 Enter 键切换到下一行。

技巧与提示

剩下的 9 种样条线类型与线和文本的使用方法基本相同，在这里就不多加讲解了。

【课堂举例】——制作中式椅子

【案例学习目标】使用样条线工具和放样工具来制作复杂家具模型，案例效果如图 3-93 所示。

【案例知识要点】学习"线"工具、"圆"工具、"放样"工具的使用方法。

【案例文件位置】第 3 章/案例文件/课堂举例——制作中式椅子.max。

【视频教学位置】第 3 章/视频教学/课堂举例——制作中式椅子.flv。

图 3-93

【操作步骤】

（1）使用"线"工具 ⬚线⬚ 在顶视图中绘制出一条图 3-94 所示的样条线。

（2）使用"圆"工具 ⬚圆⬚ 在顶视图中绘制一个圆，然后在"参数"卷展栏下设置"半径"为 3mm，如图 3-95 所示，样条线效果如图 3-96 所示。

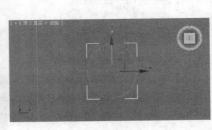

图 3-94   图 3-95   图 3-96

（3）选择步骤 1 创建的样条线，在"创建"面板中单击"几何体"按钮，然后设置"几何体"类型为"复合对象"，接着单击"放样"按钮 ⬚放样⬚ ，再展开"创建方法"卷展栏，单击"获取图形"按钮 ⬚获取图形⬚ ，最后在视图中拾取圆形，模型效果如图 3-97 所示。

（4）在"变形"卷展栏单击"缩放"按钮 ⬚缩放⬚ ，然后设置"缩放变形"的曲线效果，如图 3-98 所示，模型效果如图 3-99 所示。

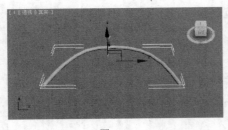

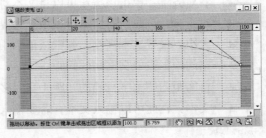

图 3-97   图 3-98

（5）继续使用上面同样的方法依次制作出中式椅子剩余的部分，然后使用"选择并移动"工具 ⬚ 将其拖曳到合适的位置，接着将其拼凑为一个整体，完成后的效果如图 3-100 所示。

（6）使用"线"工具 ⬚线⬚ 在顶视图中绘制出一条图 3-101 所示的样条线。

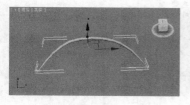

图 3-99　　　　　　　图 3-100　　　　　　　图 3-101

（7）选择上一步所创建的样条线，然后进入"修改"面板，接着在"修改器列表"中为样条线加载一个"挤出"修改器，最后在"参数"卷展栏下设置"数量"为 2mm，如图 3-102 所示，模型效果如图 3-103 所示。

图 3-102　　　　　　　图 3-103　　　　　　　图 3-104

（8）使用"选择并移动"工具 选择上一步所挤出的样条线，然后移动到图 3-104 所示的位置。

【课堂练习】——制作罗马柱

【案例学习目标】使用样条线工具和修改器来制作罗马柱，案例效果如图 3-105 所示。

【案例知识要点】学习"线"工具的使用方法。

【案例文件位置】第 3 章/案例文件/课堂练习——制作罗马柱.max。

图 3-105

【视频教学位置】第 3 章/视频教学/课堂练习——制作罗马柱.flv。

本练习的制作步骤解析如图 3-106 所示。

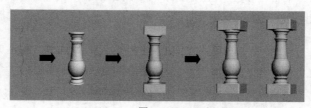

图 3-106

3.6 利用修改器创建模型

3.6.1　什么是修改器

"修改"面板是 3ds Max 很重要的一个组成部分，而修改器堆栈则是"修改"面板的"灵魂"。

所谓"修改器",就是可以对模型进行编辑、改变其几何形状及属性的命令。

修改器可以在"修改"面板中的"修改器列表"中进行加载，也可以在菜单栏中的"修改器"菜单下进行加载，这两个地方的修改器完全一样。

进入"修改"面板，可以观察到修改器堆栈，如果加载了修改器，那么将会在该堆栈中显示其名称，如图 3-107 所示。

3.6.2 给对象加载修改器的方法

为对象加载修改器的方法非常简单。选择一个对象后，进入"修改"面板，然后单击"修改器列表"后面的 按钮，接着在弹出的下拉列表中就可以选择相应的修改器，如图 3-108 所示。

图 3-107

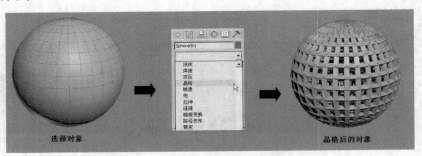

图 3-108

3.6.3 修改器的种类

修改器有很多种，按照类型的不同被划分在几个修改器集合中。在"修改"面板下的"修改器列表"中，3ds Max 将这些修改器默认分为"选择修改器"、"世界空间修改器"和"对象空间修改器" 3 大部分。

1. 选择修改器

"选择修改器"集合中包括"网格选择"、"面片选择"、"多边形选择"和"体积选择" 4 种修改器，如图 3-109 所示。

2. 世界空间修改器

"世界空间修改器"集合基于世界空间坐标，而不是基于单个对象的局部坐标系，如图 3-110 所示。当应用了一个世界空间修改器之后，无论物体是否发生了移动，它都不会受到任何影响。

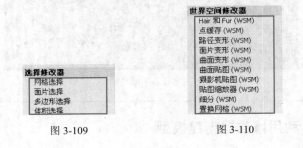

图 3-109

图 3-110

3. 对象空间修改器

"对象空间修改器"集合中的修改器非常多，如图 3-111 所示。这个集合中的修改器主要应用于单独对象，使用的是对象的局部坐标系，因此当移动对象时，修改器也会跟着移动。

对象空间修改器	
Cloth	
FFD 2x2x2	
FFD 3x3x3	
FFD 4x4x4	
FFD(长方体)	路径变形
FFD(圆柱体)	蒙皮
HSDS	蒙皮包裹
MultiRes	蒙皮包裹面片
Physique	蒙皮变形
ProOptimizer	面挤出
Reactor Cloth	面变形
Reactor 软体	面片选择
STL 检查	扭曲
UVW 变换	平滑
UVW 贴图	切片
UVW 贴图清除	倾斜
UVW 贴图添加	球形化
UVW 展开	曲面变形
VRayDisplacementMod	融化
X 变换	柔体
按通道选择	删除面片
按元素分配材质	删除网格
保留	摄影机贴图
编辑多边形	属性承载器
编辑法线	四边形网格化
编辑面片	松弛
编辑网格	体积选择
变形器	替换
波浪	贴图缩放器
补洞	投影
材质	推力
点缓存	弯曲
顶点焊接	网格平滑
顶点绘制	网格选择
对称	涡轮平滑
多边形选择	细分
法线	细化
焊接	影响区域
挤压	优化
晶格	噪波
镜像	置换
壳	置换近似
拉伸	转化为多边形
涟漪	转化为面片
链接变换	转化为网格
路径变形	锥化

图 3-111

3.7 常用修改器

3.7.1 挤出修改器

"挤出"修改器可以将深度添加到二维图形中，并且可以将对象转换成一个参数化对象，其参数设置面板如图 3-112 所示。

【参数详解】

- 数量：设置挤出的深度。
- 分段：指定要在挤出对象中创建的线段数目。
- 封口：用来设置挤出对象的封口，共有以下 4 个选项。

图 3-112

- 封口始端：在挤出对象的初始端生成一个平面。
- 封口末端：在挤出对象的末端生成一个平面。
- 变形：以可预测、可重复的方式排列封口面，这是创建变形目标所必需的操作。
- 栅格：在图形边界的方形上修剪栅格中安排的封口面。

◢ 输出：指定挤出对象的输出方式，共有以下 3 个选项。
- 面片：产生一个可以折叠到面片对象中的对象。
- 网格：产生一个可以折叠到网格对象中的对象。
- NURBS：产生一个可以折叠到 NURBS 对象中的对象。

◢ 生成贴图坐标：将贴图坐标应用到挤出对象中。

◢ 真实世界贴图大小：控制应用于对象的纹理贴图材质所使用的缩放方法。

◢ 生成材质 ID：将不同的材质 ID 指定给挤出对象的侧面与封口。

◢ 使用图形 ID：将材质 ID 指定给挤出生成的样条线线段，或指定给在 NURBS 挤出生成的曲线子对象。

◢ 平滑：将平滑应用于挤出图形。

3.7.2 倒角修改器

"倒角"修改器可以将图形挤出为 3D 对象，并在边缘应用平滑的倒角效果，其参数设置面板包含"参数"和"倒角值"两个卷展栏，如图 3-113 所示。

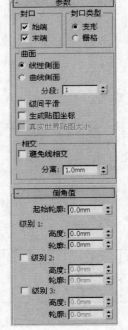

图 3-113

【参数详解】

◢ 封口：指定倒角对象是否要在一端封闭开口。
- 开始：用对象的最低局部 z 值（底部）对末端进行封口。
- 结束：用对象的最高局部 z 值（底部）对末端进行封口。

◢ 封口类型：指定封口的类型。
- 变形：创建适合的变形封口曲面。
- 栅格：在栅格图案中创建封口曲面。

◢ 曲面：控制曲面的侧面曲率、平滑度和贴图。
- 线性侧面：勾选该选项后，级别之间会沿着一条直线进行分段插补。
- 曲线侧：勾选该选项后，级别之间会沿着一条 Bezier 曲线进行分段插补。
- 分段：在每个级别之间设置中级分段的数量。
- 级间平滑：控制是否将平滑效果应用于倒角对象的侧面。
- 生成贴图坐标：将贴图坐标应用于倒角对象。
- 真实世界贴图大小：控制应用于对象的纹理贴图材质所使用的缩放方法。

◢ 相交：防止重叠的相邻边产生锐角。
◢ 避免线相交：防止轮廓彼此相交。
◢ 分离：设置边与边之间的距离。
◢ 起始轮廓：设置轮廓到原始图形的偏移距离。正值会使轮廓变大；负值会使轮廓变小。

- ⏄ 级别 1：包含以下两个选项。
- 高度：设置"级别 1"在起始级别之上的距离。
- 轮廓：设置"级别 1"的轮廓到起始轮廓的偏移距离。
- ⏄ 级别 2：在"级别 1"之后添加一个级别。
- 高度：设置"级别 1"之上的距离。
- 轮廓：设置"级别 2"的轮廓到"级别 1"轮廓的偏移距离。
- ⏄ 级别 3：在前一级别之后添加一个级别，如果未启用"级别 2"，"级别 3"会添加在"级别 1" 之后。
- 高度：设置到前一级别之上的距离。
- 轮廓：设置"级别 3"的轮廓到前一级别轮廓的偏移距离。

3.7.3 车削修改器

"车削"修改器可以通过围绕坐标轴旋转一个图形或 NURBS 曲线来生成 3D 对象，其参数设置面板如图 3-114 所示。

【参数详解】

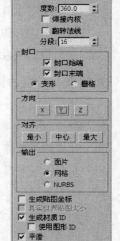

图 3-114

- ⏄ 度数：设置对象围绕坐标轴旋转的角度，其范围从 0°~360°，默认值为 360°。
- ⏄ 焊接内核：通过焊接旋转轴中的顶点来简化网格。
- ⏄ 翻转法线：使物体的法线翻转，翻转后物体的内部会外翻。
- ⏄ 分段：在起始点之间设置在曲面上创建的插补线段的数量。
- ⏄ 封口：如果设置的车削对象的"度数"小于 360°，该选项用来控制是否在车削对象的内部创建封口。
- 封口始端：车削的起点，用来设置封口的最大程度。
- 封口末端：车削的终点，用来设置封口的最大程度。
- 变形：按照创建变形目标所需的可预见且可重复的模式来排列封口面。
- 栅格：在图形边界的方形上修剪栅格中安排的封口面。
- ⏄ 方向：设置轴的旋转方向，共有 x、y 和 z 这 3 个轴可供选择。
- ⏄ 对齐：设置对齐的方式，共有"最小"、"中心"和"最大"3 种方式可供选择。
- ⏄ 输出：指定车削对象的输出方式，共有以下 3 种。
- 面片：产生一个可以折叠到面片对象中的对象。
- 网格：产生一个可以折叠到网格对象中的对象。
- NURBS：产生一个可以折叠到 NURBS 对象中的对象。
- ⏄ 生成贴图坐标：将贴图坐标应用到车削对象中。
- ⏄ 真实世界贴图大小：控制应用于对象的纹理贴图材质所使用的缩放方法。
- ⏄ 生成材质 ID：将不同的材质 ID 指定给车削对象的侧面与封口。
- ⏄ 使用图形 ID：将材质 ID 指定给车削生成的样条线段，或指定给在 NURBS 中车削生成的曲线子对象。
- ⏄ 平滑：将平滑应用于车削图形。

3.7.4 弯曲修改器

"弯曲"修改器可以使物体在任意 3 个轴上控制弯曲的角度和方向，也可以对几何体的一段限制弯曲效果，其参数设置面板如图 3-115 所示。

图 3-115

【参数详解】

- ⌐ 弯曲：该选项组用于设置弯曲的角度和方向。
- • 角度：从顶点平面设置要弯曲的角度，范围为-999999～999999。
- • 方向：设置弯曲相对于水平面的方向，范围为-999999～999999。
- ⌐ 弯曲轴：改选项组用于设置弯曲的轴向。
- • X/Y/Z：指定要弯曲的轴，默认轴为 z 轴。
- ⌐ 限制：该选项组用于设置限制弯曲的上限和下限。
- • 限制效果：将限制约束应用于弯曲效果。
- • 上限：以世界单位设置上部边界，该边界位于弯曲中心点的上方，超出该边界弯曲不再影响几何体，其范围为 0～999999。
- • 下限：以世界单位设置下部边界，该边界位于弯曲中心点的下方，超出该边界弯曲不再影响几何体，其范围为-999999～0。

知识点——扭曲修改器

"扭曲"修改器与"弯曲"修改器的参数比较相似，但是"扭曲"修改器产生的是扭曲效果，而"弯曲"修改器产生的是弯曲效果。"扭曲"修改器可以在对象几何体中产生一个旋转效果（就像拧湿抹布），并且可以控制任意 3 个轴上的扭曲角度，同时也可以对几何体的一段限制扭曲效果，其参数设置面板如图 3-116 所示。

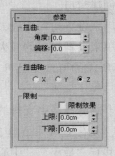

图 3-116

角度：确定围绕垂直轴扭曲的量，其默认值为 0。

偏移：使扭曲物体的任意一断相互靠近，其取值范围为-100～100。数值为负时，对象扭曲会与 Gizmo 中心相邻；数值为正时，对象扭曲将远离 Gizmo 中心；数值为 0 时，将产生均匀的扭曲效果。

X/Y/Z：指定扭曲所沿着的轴。

限制效果：对扭曲效果应用限制约束。

上限：设置扭曲效果的上限，默认值为 0。

下限：设置扭曲效果的下限，默认值为 0。

【课堂举例】——用车削修改器制作台灯

【案例学习目标】练习使用修改器制作较复杂模型，案例效果如图 3-117 所示。

【案例知识要点】学习"车削"修改器的使用方法。

【案例文件位置】第 3 章/案例文件/课堂举例——用车削修改器制作台灯.max。

【视频教学位置】第 3 章/视频教学/课堂举例——用车削修改器制作台灯.flv。

图 3-117

【操作步骤】

（1）使用"圆"工具 ▢圓 在视图中绘制一个圆形，然后在"参数"卷展栏下设置"半径"为 105mm，接着在"渲染"卷展栏下勾选"在渲染中启用"和"在视口中启用"选项，接着勾选"矩形"选项，最后设置"长度"为 160mm、"宽度"为 2mm，如图 3-118 所示，模型效果如图 3-119 所示。

（2）使用"线"工具 ▢線 在前视图中绘制出图 3-120 所示的样条线。

  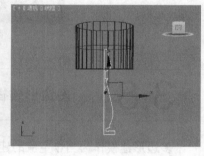

图 3-118　　　　　　　　　　图 3-119　　　　　　　　　　图 3-120

（3）选择上一步绘制的样条线，然后为其加载一个"车削"修改器，接在"参数"卷展栏下设置"分段"为 32，最后在"对齐"选项组下单击"最大"按钮 最大，如图 3-121 所示，最终效果如图 3-122 所示。

图 3-121　　　　　　　　　　图 3-122

【课堂练习】——制作水晶吊灯

【案例学习目标】使用修改器工具来制作水晶吊灯，案例效果如图 3-123 所示。

【案例知识要点】学习"晶格"修改器的使用方法。

【案例文件位置】第 3 章/案例文件/课堂练习——制作水晶吊灯.max。

【视频教学位置】第 3 章/视频教学/课堂练习——制作水晶吊灯.flv。

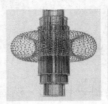

图 3-123

本练习的制作步骤解析如图 3-124 所示。

图 3-124

3.8 多边形建模

多边形建模作为当今主流的建模方式，已经被广泛应用到游戏角色、影视、工业造型、室内外等模型制作中。多边形建模方法在编辑上更加灵活，对硬件的要求也很低，其建模思路与网格建模的思路很接近，不同点在于网格建模只能编辑三角面，而多边形建模对面数没有任何要求，图 3-125 所示为一些比较优秀的多边形建模作品。

图 3-125

3.8.1 塌陷多边形对象

在编辑多边形对象之前首先要明确多边形物体不是创建出来的，而是塌陷出来的。将物体塌陷为多边形的方法主要有以下 3 种。

第 1 种：在物体上单击鼠标右键，然后在弹出的菜单中选择"转换为/转换为可编辑多边形"命令，如图 3-126 所示。

第 2 种：为物体加载"编辑多边形"修改器，如图 3-127 所示。

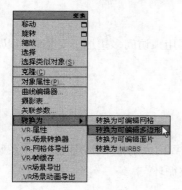

图 3-126

图 3-127

图 3-128

第 3 种：在修改器堆栈中选中物体，然后单击鼠标右键，接着在弹出的菜单中选择"可编辑多边形"命令，如图 3-128 所示。

3.8.2 编辑多边形对象

将物体转换为可编辑多边形对象后，就可以对可编辑多边形对象的顶点、边、边界、多边形和元素分别进行编辑。可编辑多边形的参数设置面板中包括 6 个卷展栏，分别是"选择"卷展栏、"软选择"卷展栏、"编辑几何体"卷展栏、"细分曲面"卷展栏、"细分置换"卷展栏和"绘制变形"卷展栏，如图 3-129 所示。

图 3-129

请注意，在选择了不同的物体级别以后，可编辑多边形的参数设置面板也会发生相应的变化，比如在"选择"卷展栏下单击"顶点"按钮，进入"顶点"级别以后，在参数设置面板中就会增加两个对顶点进行编辑的卷展栏，如图 3-130 所示。而如果进入"边"级别和"多边形"级别以后，又对增加对边和多边形进行编辑的卷展栏，如图 3-131 和图 3-132 所示。

图 3-130

图 3-131

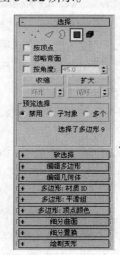

图 3-132

在下面的内容中，将着重对"选择"卷展栏、"软选择"卷展栏、"编辑几何体"卷展栏进行详细讲解，同时还要对"顶点"级别下的"编辑顶点"卷展栏、"边"级别下的"编辑边"卷展栏以及"多边形"卷展栏下的"编辑多边形"卷展栏下进行重点讲解。

1. 选择卷展栏

"选择"卷展栏下的工具与选项主要用来访问多边形子对象级别以及快速选择子对象，如图 3-133 所示。

图 3-133

【参数详解】

- 顶点：用于访问"顶点"子对象级别。
- 边：用于访问"边"子对象级别。
- 边界：用于访问"边界"子对象级别，可从中选择构成网格中孔洞边框的一系列边。边界总是由仅在一侧带有面的边组成，并总为完整循环。
- 多边形：用于访问"多边形"子对象级别。
- 元素：用于访问"元素"子对象级别，可从中选择对象中的所有连续多边形。
- 按顶点：除了"顶点"级别外，该选项可以在其他 4 种级别中使用。启用该选项后，只有选择所用的顶点才能选择子对象。
- 忽略背面：启用该选项后，只能选中法线指向当前视图的子对象。比如启用该选项以后，在前视图中框选图 3-134 所示的顶点，但只能选择正面的顶点，而背面不会被选择到，图 3-135 所示为在左视图中的观察效果；如果关闭该选项，在前视图中同样框选相同区域的顶点，则背面的顶点也会被选择，图 3-136 所示为在顶视图中的观察效果。

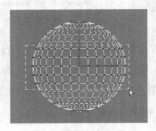 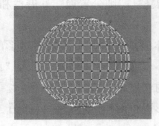 

图 3-134 图 3-135 图 3-136

- 按角度：该选项只能用在"多边形"级别中。启用该选项时，如果选择一个多边形，3ds Max 会基于设置的角度自动选择相邻的多边形。
- 收缩：单击一次该按钮，可以在当前选择范围中向内减少一圈对象。
- 扩大：与"收缩"相反，单击一次该按钮，可以在当前选择范围中向外增加一圈对象。
- 环形：该工具只能在"边"和"边界"级别中使用。在选中一部分子对象后，单击该按钮可以自动选择平行于当前对象的其他对象。比如选择一条图 3-137 所示的边，然后单击"环形"按钮，可以选择整个纬度上平行于选定边的边，如图 3-138 所示。
- 循环：该工具同样只能在"边"和"边界"级别中使用。在选中一部分子对象后，单击该按钮可以自动选择与当前对象在同一曲线上的其他对象。比如选择图 3-139 所示的边，然后单击"循环"按钮，可以选择整个经度上的边，如图 3-140 所示。

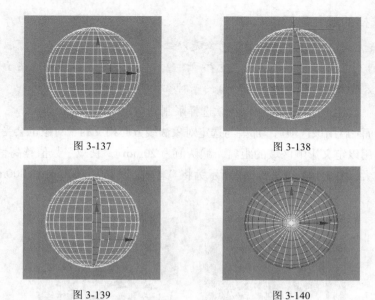

图 3-137　　　　　　　　　　　图 3-138

图 3-139　　　　　　　　　　　图 3-140

- 预览选择：在选择对象之前，通过这里的选项可以预览光标滑过处的子对象，有"禁用"、"子对象"和"多个"3 个选项可供选择。

2. 软选择卷展栏

"软选择"是以选中的子对象为中心向四周扩散，以放射状方式来选择子对象。在对选择的部分子对象进行变换时，可以让子对象以平滑的方式进行过渡。另外，可以通过控制"衰减"、"收缩"和"膨胀"的数值来控制所选子对象区域的大小及对子对象控制力的强弱，并且"软选择"卷展栏还包含了绘制软选择的工具，如图 3-141 所示。

【参数详解】

- 使用软选择：控制是否开启"软选择"功能。启用后，选择一个或一个区域的子对象，那么会以这个子对象为中心向外选择其他对象。比如框选图 3-142 所示的顶点，那么软选择就会以这些顶点为中心向外进行扩散选择，如图 3-143 所示。

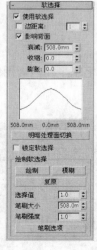
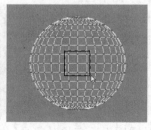
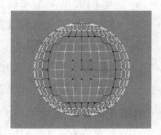

图 3-141　　　　　　　　　图 3-142　　　　　　　　　图 3-143

知识点——软选择的颜色显示

在用软选择选择子对象时，选择的子对象是以红、橙、黄、绿、蓝 5 种颜色进行显示的。处于中心位置的子对象显示为红色，表示这些子对象被完全选择，在操作这些子对象时，它们将被完全影响，然后依次是橙、黄、绿、蓝的子对象。

- 边距离：启用该选项后，可以将软选择限制到指定的面数。
- 影响背面：启用该选项后，那些与选定对象法线方向相反的子对象也会受到相同的影响。
- 衰减：用以定义影响区域的距离，默认值为 20mm。"衰减"数值越高，软选择的范围也就越大，图 3-144 和图 3-145 所示为将"衰减"设置为 500mm 和 800mm 时的选择效果对比。

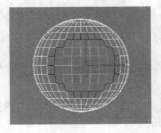　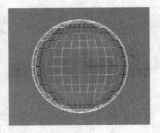

图 3-144　　　　　　　　　　　图 3-145

- 收缩：设置区域的相对"突出度"。
- 膨胀：设置区域的相对"丰满度"。
- 软选择曲线图：以图形的方式显示软选择是如何进行工作的。
- 明暗处理面切换 <kbd>明暗处理面切换</kbd>：只能用在"多边形"和"元素"级别中，用于显示颜色渐变，如图 3-146 所示。它与软选择范围内面上的软选择权重相对应。

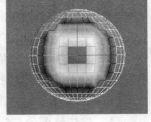

图 3-146

- 锁定软选择：锁定软选择，以防止对按程序的选择进行更改。
- 绘制软选择：在视图中绘制出所需要的软选择。
- 绘制 <kbd>绘制</kbd>：可以在使用当前设置的活动对象上绘制软选择。
- 模糊 <kbd>模糊</kbd>：可以通过绘制来软化现有绘制软选择的轮廓。
- 复原 <kbd>复原</kbd>：以通过绘制的方式还原软选择。
- 选择值：整个值表示绘制的或还原的软选择的最大相对选择。笔刷半径内周围顶点的值会趋向于 0 衰减。
- 笔刷大小：用来设置圆形笔刷的半径。
- 笔刷强度：用来设置绘制子对象的速率。
- 笔刷选项 <kbd>笔刷选项</kbd>：单击该按钮可以打开"绘制选项"对话框，如图 3-147 所示。在该对话框中可以设置笔刷的更多属性。

3. 编辑几何体卷展栏

"编辑几何体"卷展栏下的工具适用于所有子对象级别，主要用来全局修改多边形几何体，如图 3-148 所示。

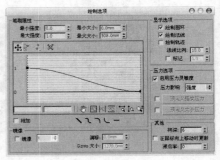

图 3-147

【参数详解】

- 重复上一个 [重复上一个]：单击该按钮可以重复使用上一次使用的命令。
- 约束：使用现有的几何体来约束子对象的变换，共有"无"、"边"、"面"和"法线"4种方式可供选择。
- 保持 UV：启用该选项后，可以在编辑子对象的同时不影响该对象的 UV 贴图。
- 设置□：单击该按钮可以打开"保持贴图通道"对话框，如图 3-149 所示。在该对话框中可以指定要保持的顶点颜色通道或纹理通道（贴图通道）。

图 3-148

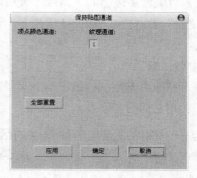

图 3-149

- 创建 [创建]：创建新的几何体。
- 塌陷 [塌陷]：通过将顶点与选择中心的顶点焊接，使连续选定子对象的组产生塌陷。

> **技巧与提示**
>
> "塌陷"工具 [塌陷] 类似于"焊接"工具 [焊接]，但是该工具不需要设置"阈值"数值就可以直接塌陷在一起。

- 附加 [附加]：使用该工具可以将场景中的其他对象附加到选定的可编辑多边形中。
- 分离 [分离]：将选定的子对象作为单独的对象或元素分离出来。
- 切片平面 [切片平面]：使用该工具可以沿某一平面分开网格对象。
- 分割：启用该选项后，可以通过"快速切片"工具 [快速切片] 和"切割"工具 [切割] 在划分边的位置处创建出两个顶点集合。
- 切片 [切片]：可以在切片平面位置处执行切割操作。
- 重置平面 [重置平面]：将执行过"切片"的平面恢复到之前的状态。
- 快速切片 [快速切片]：可以将对象进行快速切片，切片线沿着对象表面，所以可以更加准确地进行切片。
- 切割 [切割]：可以在一个或多个多边形上创建出新的边。
- 网格平滑 [网格平滑]：使选定的对象产生平滑效果。
- 细化 [细化]：增加局部网格的密度，从而方便处理对象的细节。
- 平面化 [平面化]：强制所有选定的子对象成为共面。
- 视图对齐 [视图对齐]：使对象中的所有顶点与活动视图所在的平面对齐。
- 栅格对齐 [栅格对齐]：使选定对象中的所有顶点与活动视图所在的平面对齐。
- 松弛 [松弛]：使当前选定的对象产生松弛现象。

- 隐藏选定对象 隐藏选定对象：隐藏所选定的子对象。
- 全部取消隐藏 全部取消隐藏：将所有的隐藏对象还原为可见对象。
- 隐藏未选定对象 隐藏未选定对象：隐藏未选定的任何子对象。
- 命名选择：用于复制和粘贴子对象的命名选择集。
- 删除孤立顶点：启用该选项后，选择连续子对象时会删除孤立顶点。
- 完全交互：启用该选项后，如果更改数值，将直接在视图中显示最
  终的结果。

图 3-150

4. 编辑顶点卷展栏

进入可编辑多边形的"顶点"级别以后，在"修改"面板中会增加一个
"编辑顶点"卷展栏，如图 3-150 所示。这个卷展栏下的工具全部是用来编辑
顶点的。

【参数详解】

- 移除 移除：选中一个或多个顶点以后，单击该按钮可以将其移除，然后接合起使
  用它们的多边形。

知识点——移除顶点与删除顶点的区别

这里详细介绍一下移动顶点与删除顶点的区别。

移除顶点：选中一个或多个顶点以后，单击"移除"按钮 移除 或按 Backspace 键即可移
除顶点，但也只是移除了顶点，而面仍然存在，如图 3-151 所示。注意，移除顶点可能导致网格
形状发生严重变形。

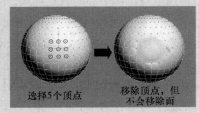

选择5个顶点　　移除顶点，但
　　　　　　　　不会移除面

图 3-151

删除顶点：选中一个或多个顶点以后，按 Delete 键可以删除顶点，同时也会删除连接到这
些顶点的面，如图 3-152 所示。

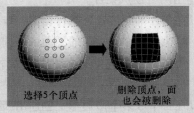

选择5个顶点　　删除顶点，面
　　　　　　　　也会被删除

图 3-152

- 断开 断开：选中顶点以后，单击该按钮可以在与选定顶点相连的每个多边形上都
  创建一个新顶点，这可以使多边形的转角相互分开，使它们不再相连于原来的顶点上。
- 挤出 挤出：直接使用这个工具可以手动在视图中挤出顶点，如图 3-153 所示。如果
  要精确设置挤出的高度和宽度，可以单击后面的"设置"按钮□，然后在视图中的"挤
  出顶点"对话框中输入数值即可，如图 3-154 所示。

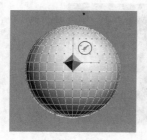

图 3-153

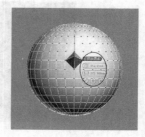

图 3-154

- 焊接 ：对"焊接顶点"对话框中指定的"焊接阈值"范围之内连续的选中的顶点进行合并，合并后所有边都会与产生的单个顶点连接。单击后面的"设置"按钮□可以设置"焊接阈值"。

- 切角 切角 ：选中顶点以后，使用该工具在视图中拖曳光标，可以手动为顶点切角，如图 3-155 所示。单击后面的"设置"按钮□，在弹出的"切角"对话框中可以设置精确的"顶点切角量"，同时还可以将切角后的面"打开"，以生成孔洞效果，如图 3-156 所示。

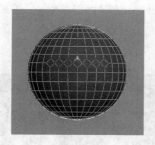

图 3-155

图 3-156

- 目标焊接 目标焊接 ：选择一个顶点后，使用该工具可以将其焊接到相邻的目标顶点，如图 3-157 所示。

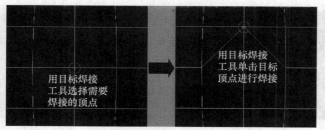

图 3-157

技巧与提示

"目标焊接"工具 目标焊接 只能焊接成对的连续顶点。也就是说，选择的顶点与目标顶点有一个边相连。

- 连接 连接 ：在选中的对角顶点之间创建新的边，如图 3-158 所示。
- 移除孤立顶点 移除孤立顶点 ：删除不属于任何多边形的所有顶点。
- 移除未使用的贴图顶点 移除未使用的贴图顶点 ：某些建模操作会留下未使用的（孤立）贴图顶点，它们会显示在"展开 UVW"编辑器中，但是不能用于贴图，单击该按钮就可以自动删除这些贴图顶点。

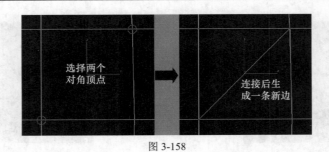

图 3-158

- 权重：设置选定顶点的权重，供 NURMS 细分选项和"网格平滑"修改器使用。

5. 编辑边卷展栏

进入可编辑多边形的"边"级别以后，在"修改"面板中会增加一个"编辑边"卷展栏，如图 3-159 所示。这个卷展栏下的工具全部是用来编辑边的。

【参数详解】

- 插入顶点 插入顶点 ：在"边"级别下，使用该工具在边上单击鼠标左键，可以在边上添加顶点，如图 3-160 所示。
- 移除 移除 ：选择边以后，单击该按钮或按 Backspace 键可以移除边，如图 3-161 所示。如果按 Delete 键，将删除边以及与边连接的面，如图 3-162 所示。

图 3-159

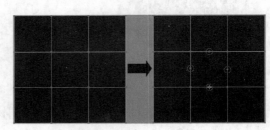

图 3-160

图 3-161

图 3-162

- 分割 分割 ：沿着选定边分割网格。对网格中心的单条边应用时，不会起任何作用。
- 挤出 挤出 ：直接使用这个工具可以手动在视图中挤出边。如果要精确设置挤出的高度和宽度，可以单击后面的"设置"按钮□，然后在视图中的"挤出边"对话框中输入数值即可，如图 3-163 所示。
- 焊接 焊接 ：组合"焊接边"对话框指定的"焊接阈值"范围内的选定边。只能焊接仅附着一个多边形的边，也就是边界上的边。
- 切角 切角 ：这是多边形建模中使用频率最高的工具之一，可以为选定边进行切角（圆角）处理，从而生成平滑的棱角，如图 3-164 所示。

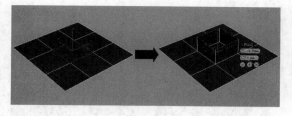

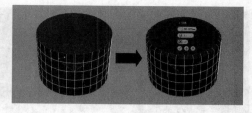

图 3-163   图 3-164

　　在很多时候为边进行切角处理以后，都需要模型加载"网格平滑"修改器，以生成非常平滑的模型，如图 3-165 所示。

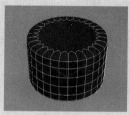

图 3-165

▲　目标焊接 目标焊接 ：用于选择边并将其焊接到目标边。只能焊接仅附着一个多边形的边，也就是边界上的边。

▲　桥 桥 ：使用该工具可以连接对象的边，但只能连接边界边，也就是只在一侧有多边形的边。

▲　连接 连接 ：这是多边形建模中使用频率最高的工具之一，可以在每对选定边之间创建新边，对于创建或细化边循环特别有用。比如选择一对竖向的边，则可以在横向上生成边，如图 3-166 所示。

图 3-166

▲　利用所选内容创建图形 利用所选内容创建图形 ：这是多边形建模中使用频率最高的工具之一，可以将选定的边创建为样条线图形。选择边以后，单击该按钮可以弹出一个"创建图形"对话框，在该对话框中可以设置图形名称以及设置图形的类型，如果选择"平滑"类型，则生成的平滑的样条线，如图 3-167 所示；如果选择"线性"类型，则样条线的形状与选定边的形状保持一致，如图 3-168 所示。

▲　权重：设置选定边的权重，供 NURMS 细分选项和"网格平滑"修改器使用。

▲　拆缝：指定对选定边或边执行的折缝操作量，供 NURMS 细分选项和"网格平滑"修改器使用。

▲　编辑三角形 编辑三角形 ：用于修改绘制内边或对角线时多边形细分为三角形的方式。

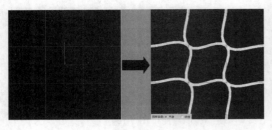

图 3-167   图 3-168

图 3-169

▪ 旋转 旋转 ：用于通过单击对角线修改多边形细分为三角形的方式。使用该工具时，对角线可以在线框和边面视图中显示为虚线。

6. 编辑多边形卷展栏

进入可编辑多边形的"多边形"级别以后，在"修改"面板中会增加一个"编辑多边形"卷展栏，如图 3-169 所示。这个卷展栏下的工具全部是用来编辑多边形的。

【参数详解】

▪ 插入顶点 插入顶点 ：用于手动在多边形插入顶点（单击即可插入顶点），以细化多边形，如图 3-170 所示。

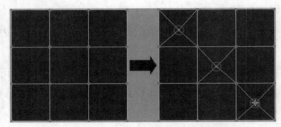

图 3-170

▪ 挤出 挤出 ：这是多边形建模中使用频率最高的工具之一，可以挤出多边形。如果要精确设置挤出的高度，可以单击后面的"设置"按钮□，然后在视图中的"挤出边"对话框中输入数值即可。挤出多边形时，"高度"为正值时可向外挤出多边形，为负值时可向内挤出多边形，如图 3-171 所示。

选择一个多边形   正值向外挤出   负值向内挤出

图 3-171

▪ 轮廓 轮廓 ：用于增加或减小每组连续的选定多边形的外边。

▪ 倒角 倒角 ：这是多边形建模中使用频率最高的工具之一，可以挤出多边形，同时为多边形进行倒角，如图 3-172 所示。

▪ 插入 插入 ：执行没有高度的倒角操作，即在选定多边形的平面内执行该操作，如图 3-173 所示。

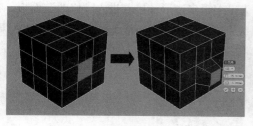 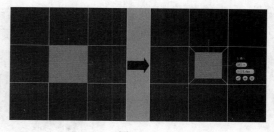

图 3-172　　　　　　　　　　　　　　　　　　图 3-173

- 桥 桥 ：使用该工具可以连接对象上的两个多边形或多边形组。
- 翻转 翻转 ：反转选定多边形的法线方向，从而使其面向用户的正面。
- 从边旋转 从边旋转 ：选择多边形后，使用该工具可以沿着垂直方向拖曳任何边，以便旋转选定多边形。
- 沿样条线挤出 沿样条线挤出 ：沿样条线挤出当前选定的多边形。
- 编辑三角剖分 编辑三角剖分 ：通过绘制内边修改多边形细分为三角形的方式。
- 重复三角算法 重复三角算法 ：在当前选定的一个或多个多边形上执行最佳三角剖分。
- 旋转 旋转 ：使用该工具可以修改多边形细分为三角形的方式。

【课堂举例】——用多边形工具制作浴巾架

【案例学习目标】使用多边形建模工具制作浴巾架模型，案例效果如图 3-174 所示。

【案例知识要点】学习"挤出"工具、"切角"工具和样条线的可渲染功能。

【案例文件位置】第 3 章/案例文件/课堂举例——用多边形工具制作浴巾架.max。

【视频教学位置】第 3 章/视频教学/课堂举例——用多边形工具制作浴巾架.flv。

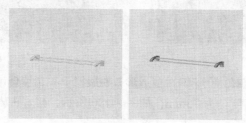

图 3-174

【操作步骤】

（1）下面创建挂件模型。使用"长方体"工具 长方体 在场景中创建一个长方体，然后在"参数"卷展栏下设置"长度"为 25mm、"宽度"为 180mm、"高度"为 18mm、"长度分段"为 2、"宽度分段"为 5、"高度分段"为 1，如图 3-175 所示，模型效果如图 3-176 所示。

 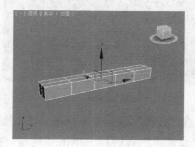

图 3-175　　　　　　　　　　　　　　　　　图 3-176

（2）选择上一步创建的长方体，然后将其转换为可编辑多边形，接着进入"修改"面板，在"选择"卷展栏下单击"顶点"按钮，进入"顶点"级别，最后将模型调整成图 3-177 所示的效果。

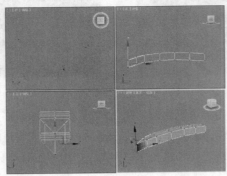

图 3-177

（3）在"选择"卷展栏下单击"多边形"按钮，然后进入"多边形"级别，选择图 3-178 所示的多边形，接着在"编辑多边形"卷展栏下单击"挤出"按钮 挤出 后面的"设置"按钮，最后设置"高度"为 15mm，如图 3-179 所示。

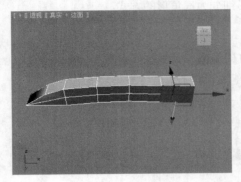

图 3-178

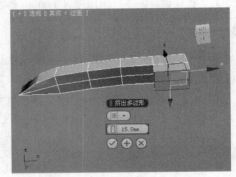

图 3-179

（4）保持对多边形的选择，在"编辑多边形"卷展栏下单击"挤出"按钮 挤出 后面的"设置"按钮，然后设置"高度"为 15mm，如图 3-180 所示，接着进入"顶点"级别，将模型调整成图 3-181 所示的效果。

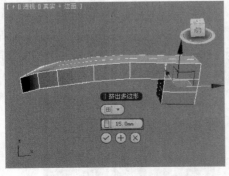

图 3-180

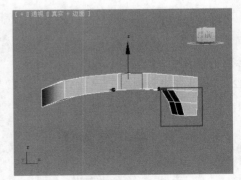

图 3-181

（5）在"选择"卷展栏下单击"边"按钮，然后进入"边"级别，选择图 3-182 所示的边，接着在"编辑边"卷展栏下单击"切角"按钮 切角 后面的"设置"按钮，最后设置"边切角量"为 0.8mm，如图 3-183 所示。

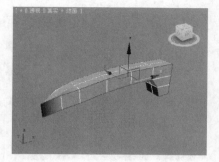

图 3-182

图 3-183

（6）为模型加载一个"网格平滑"修改器，然后在"细分量"卷展栏下设置"迭代次数"为 2，如图 3-184 所示，模型效果如图 3-185 所示。

图 3-184

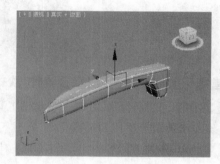

图 3-185

（7）使用"选择并移动"工具 选择模型，然后按住 Shift 键的同时移动复制一个模型到图 3-186 所示的位置。

（8）下面创建架子模型。使用"线"工具 ____线____ 在顶视图中绘制一条图 3-187 所示的样条线。

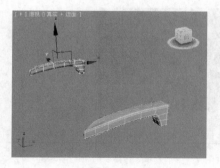

图 3-186

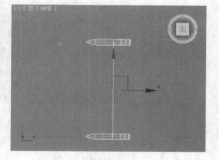

图 3-187

（9）选择上一步绘制的样条线，然后在"渲染"卷展栏下勾选"在渲染中启用"和"在视口中启用"选项，最后设置"厚度"为 8mm，如图 3-188 所示，模型效果如图 3-189 所示。

（10）使用"选择并移动"工具 选择模型，然后按住 Shift 键的同时移动复制一个模型到合适的位置，浴巾架模型最终效果如图 3-190 所示。

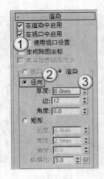

图 3-188

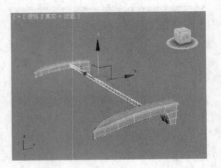

图 3-189

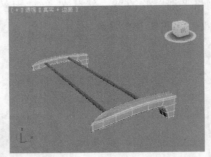

图 3-190

【课堂练习】——用多边形工具制作欧式床头柜

【案例学习目标】使用多边形建模工具制作欧式床头柜，案例效果如图 3-191 所示。

【案例知识要点】学习"倒角"工具、"切角"工具、"车削"修改器、"挤出"修改器的运用。

图 3-191

【案例文件位置】第 3 章/案例文件/课堂练习——用多边形工具制作欧式床头柜.max。

【视频教学位置】第 3 章/视频教学/课堂练习——用多边形工具制作欧式床头柜.flv。

本练习的制作步骤解析如图 3-192 所示。

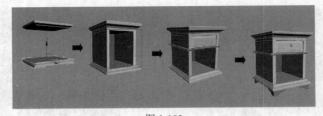

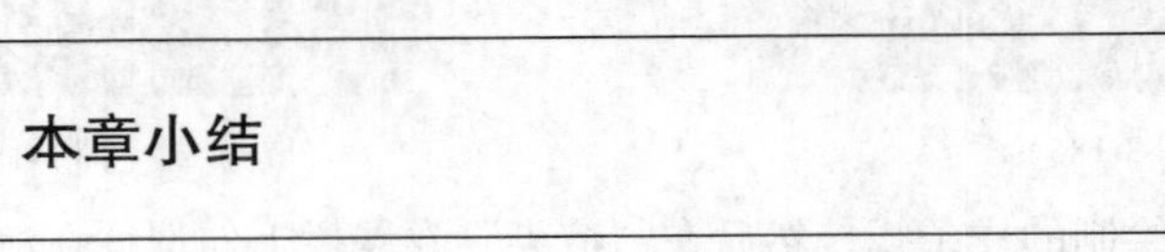

图 3-192

3.9 本章小结

本章系统讲解了 3ds Max 的常用建模工具，因为篇幅的限制，笔者只选择了最常用和最重要的功能进行讲解。这也是学生必须要掌握的建模技能，熟练掌握这些技能，就能胜任一般效果图制作的建模工作。

【课后习题 1】——制作简约橱柜

【案例学习目标】巩固基本体建模方法，同时进一步熟悉 3ds Max 的基本操作，案例效果如图 3-193 所示。

【案例知识要点】练习"长方体"建模工具以及移动、复制等基本操作。

【案例文件位置】第 3 章/案例文件/课后练习 1——制作简约橱柜.max。

【视频教学位置】第 3 章/视频教学/课后练习 1——制作简约橱柜.flv。

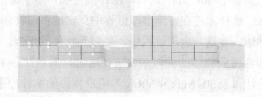

图 3-193

本练习的制作步骤解析如图 3-194 所示。

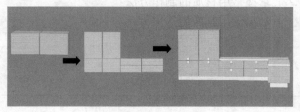

图 3-194

【课后习题 2】—— 制作洗手池

【案例学习目标】巩固修改器、多边形建模方法，案例效果如图 3-195 所示。

【案例知识要点】修改器、多边形建模技法的运用。

【案例文件位置】第 3 章/案例文件/课后练习 2——制作洗手池.max。

【视频教学位置】第 3 章/视频教学/课后练习 2——制作洗手池.flv。

图 3-195

本练习的制作步骤解析如图 3-196 所示。

图 3-196

第4章
材质与贴图

在大自然中，物体表面总是具有各种各样的特性，比如颜色、透明度、表面纹理等。而对于 3ds Max 而言，制作一个物体除了造型之外，还要将其表面特性表现出来，这样才能在三维虚拟世界中真实地再现物体本身的面貌，既做到形似，也做到神似。在这一表现过程中，要做到物体的形似，可以通过 3ds Max 的建模功能；而要做到物体的神似，就需要通过材质和贴图来表现。本章将对各种材质的制作方法以及 3ds Max 和 VRay 为用户提供的多种程序贴图进行全面而详细的介绍，为大家深度剖析 3ds Max 和 VRay 的材质和贴图技术。

课堂学习目标
- 掌握常用材质的制作方法
- 掌握常用贴图的运用方法

4.1   材质概述

4.1.1   什么是材质

材质主要用于表现物体的颜色、质地、纹理、透明度和光泽等特性，依靠各种类型的材质可以制作出现实世界中的任何物体，如图 4-1 所示。

图 4-1

4.1.2   材质的制作流程

通常，在制作新材质并将其应用于对象时，应该遵循以下步骤。

第 1 步：指定材质的名称。

第 2 步：选择材质的类型。

第 3 步：对于标准或光线追踪材质，应选择着色类型。

第 4 步：设置漫反射颜色、光泽度和不透明度等各种参数。

第 5 步：将贴图指定给要设置贴图的材质通道，并调整参数。

第 6 步：将材质应用于对象。

第 7 步：如有必要，应调整 UV 贴图坐标，以便正确定位对象的贴图。

第 8 步：保存材质。

4.2 3ds Max 材质

4.2.1 材质编辑器

执行"渲染/材质编辑器/精简材质编辑器"菜单命令或按 M 键可以打开"材质编辑器"对话框，如图 4-2 所示。

"材质编辑器"对话框大致分为 4 大部分，最顶端为菜单栏，充满材质球的窗口为示例窗，其左侧和下部的两排按钮为工具按钮栏，其余的是参数控制区，如图 4-3 所示。

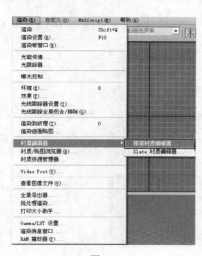

图 4-2

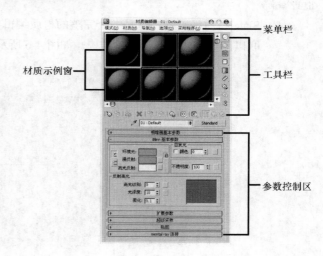

图 4-3

1. 材质编辑器菜单

"材质编辑器"对话框中的菜单栏包含 5 个菜单，分别是"模式"菜单、"材质"菜单、"导航"菜单、"选项"菜单和"实用程序"菜单。

（1）模式菜单。

"模式"菜单主要用来切换"精简材质编辑器"和"Slate 材质编辑器"，如图 4-4 所示。

图 4-4

【命令详解】

◢ 精简材质编辑器：这是一个简化了的材质编辑界面，它使用的对话框比"Slate 材质编辑器"小，也是在 3ds Max 2011 版本之前唯一的材质编辑器，如图 4-5 所示。

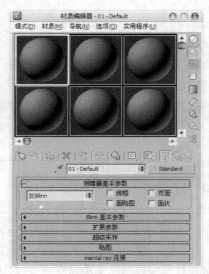

图 4-5

在实际工作中，一般都不会用到"Slate 材质编辑器"，因此本书都用"精简材质编辑器"来进行讲解。

◢ Slate 材质编辑器：这是一个完整的材质编辑界面，在设计和编辑材质时使用节点和关联以图形方式显示材质的结构，如图 4-6 所示。

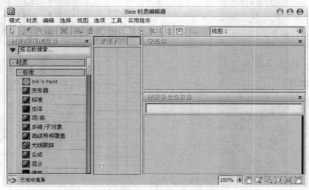

图 4-6

虽然"Slate 材质编辑器"在设计材质时功能更强大，但"精简材质编辑器"在设计材质时更方便。

（2）材质菜单。

展开"材质"菜单，如图 4-7 所示。

【命令详解】

◢ 获取材质：执行该命令可打开"材质/贴图浏览器"面板，在该面板中可以选择材质或贴图。

◢ 从对象选取：执行该命令可以从场景对象中选择材质。

◢ 按材质选择：执行该命令可以基于"材质编辑器"对话框中的活动材质来选择对象。

- 在 ATS 对话框中高亮显示资源：如果材质使用的是已跟踪资源的贴图，执行该命令可以打开"跟踪资源"对话框，同时资源会高亮显示。
- 指定给当前选择：执行该命令可将活动示例窗中的材质应用于场景中的选定对象。
- 放置到场景：在编辑完成材质后，执行该命令更新场景中的材质。
- 放置到库：执行该命令可将选定的材质添加到当前的库中。
- 更改材质/贴图类型：执行该命令更改材质/贴图的类型。
- 生成材质副本：通过复制自身的材质来生成材质副本。
- 启动放大窗口：将材质示例窗口放大并在一个单独的窗口中进行显示（双击材质球也可以放大窗口）。

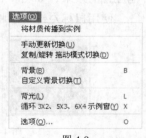

图 4-7

- 另存为 FX 文件：将材质另外为 FX 文件。
- 生成预览：使用动画贴图为场景添加运动，并生成预览。
- 查看预览：使用动画贴图为场景添加运动，并查看预览。
- 保存预览：使用动画贴图为场景添加运动，并保存预览。
- 显示最终结果：查看所在级别的材质。
- 视口中的材质显示为：执行该命令可在视图中显示物体表面的材质效果。
- 重置示例窗旋转：使活动的示例窗对象恢复到默认方向。
- 更新活动材质：更新示例窗中的活动材质。

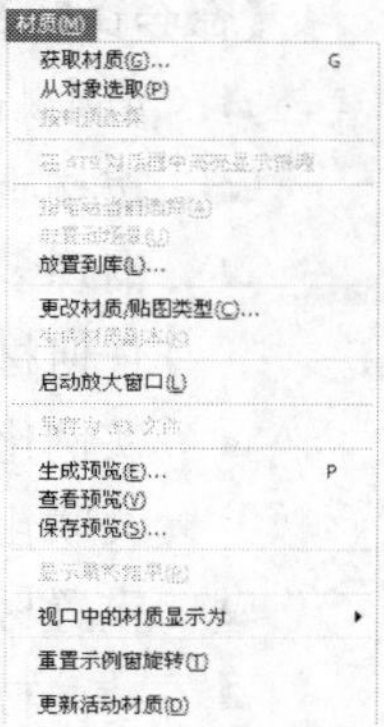

（3）导航菜单。

展开"导航"菜单，如图 4-8 所示。

图 4-8

【命令详解】

- 转到父对象：在当前材质中向上移动一个层级。
- 前进到同级：移动到当前材质中相同层级的下一个贴图或材质。
- 后退到同级：与"前进到同级"命令类似，只是导航到前一个同级贴图，而不是导航到后一个同级贴图。

（4）选项菜单。

展开"选项"菜单，如图 4-9 所示。

【命令详解】

- 将材质传播到实例：将指定的任何材质传播到场景对象中的所有实例。
- 手动更新切换：使用手动的方式进行更新切换。
- 复制/旋转阻力模式切换：切换复制/选择阻力的模式。
- 背景：将多颜色的方格背景添加到活动示例窗中。
- 自定义背景切换：如果已指定了自定义背景，该命令可切换背景的显示效果。
- 背光：将背光添加到活动示例窗中。
- 循环 3×2、5×3、6×4 示例窗：切换材质球显示的 3 种方式。
- 选项：打开"材质编辑器选项"对话框。

图 4-9

（5）实用程序菜单。

展开"工具"菜单，如图 4-10 所示。

图 4-10

【命令详解】

- 渲染贴图：对贴图进行渲染。
- 按材质选择对象：可以基于“材质编辑器”对话框中的活动材质来选择对象。
- 清理多维材质：对“多维/子对象”材质进行分析，然后在场景中显示所有包含未分配任何材质 ID 的材质。
- 实例化重复的贴图：在整个场景中查找具有重复“位图”贴图的材质，并提供将它们关联化的选项。
- 重置材质编辑器窗口：用默认的材质类型替换“材质编辑器”对话框中的所有材质。
- 精简材质编辑器窗口：将“材质编辑器”对话框中所有未使用的材质设置为默认类型。
- 还原材质编辑器窗口：利用缓冲区的内容还原编辑器的状态。

2. 材质球示例窗

材质球示例窗用来显示材质效果，它可以很直观地显示出材质的基本属性，如反光、纹理和凹凸等，如图 4-11 所示。

图 4-11

技巧与提示

双击材质球后会弹出一个独立的材质球显示窗口，可以将该窗口进行放大或缩小来观察当前设置的材质，如图 4-12 所示，同时也可以在材质球上单击鼠标右键，然后在弹出的菜单中选择放大命令。

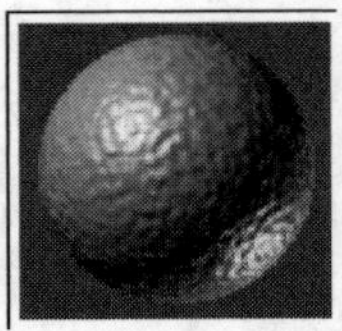

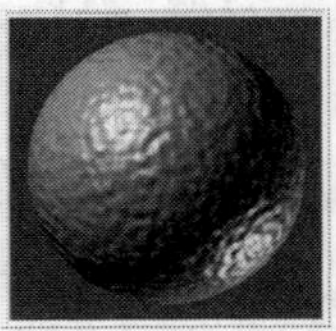

图 4-12

材质球示例窗中一共有 24 个材质球，可以拖曳滚动条显示出不在窗口中的材质球，同时也可以使用鼠标中键来旋转材质球，这样可以观看材质球其他位置的效果，如图 4-13 所示。

使用鼠标左键可以将一个材质球拖曳到另一个材质球上，如图 4-14 所示。

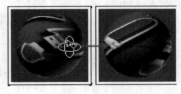

图 4-13

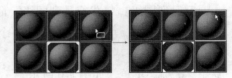

图 4-14

使用鼠标左键可以将材质球中的材质拖曳到场景中的物体上，如图 4-15 所示。当材质赋予物体后，材质球上会显示出 4 个缺角的符号，如图 4-16 所示。

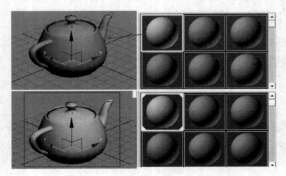

图 4-15

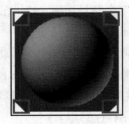

图 4-16

3. 工具按钮栏

下面讲解"材质编辑器"对话框中的两排材质工具按钮，如图 4-17 所示。

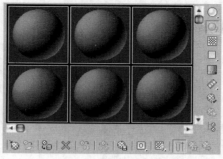

图 4-17

【工具详解】

⌐ 获取材质：为选定的材质打开"材质/贴图浏览器"对话框。

⌐ 将材质放入场景：在编辑好材质后，单击该按钮可以更新已应用于对象的材质。

⌐ 将材质指定给选定对象：将材质指定给选定的对象。

⌐ 重置贴图/材质为默认设置：删除修改的所有属性，将材质属性恢复到默认值。

⌐ 生成材质副本：在选定的示例图中创建当前材质的副本。

⌐ 使唯一：将实例化的材质设置为独立的材质。

⌐ 放入库：重新命名材质并将其保存到当前打开的库中。

⌐ 材质 ID 通道：为应用后期制作效果设置唯一的 ID 通道。

⌐ 在视口中显示明暗处理材质：在视口对象上显示 2D 材质贴图。

⌐ 显示最终结果：在实例图中显示材质以及应用的所有层次。

⌐ 转到父对象：将当前材质上移一级。

⌐ 转到下一个同级项：选定同一层级的下一贴图或材质。

⌐ 采样类型：控制示例窗显示的对象类型，默认为球体类型，还有圆柱体和立方体类型。

⌐ 背光：打开或关闭选定示例窗中的背景灯光。

⌐ 背景：在材质后面显示方格背景图像，这在观察透明材质时非常有用。

⌐ 采样 UV 瓷砖：为示例窗中的贴图设置 UV 瓷砖显示。

⌐ 视频颜色检查：检查当前材质中 NTSC 和 PAL 制式的不支持颜色。

⌐ 生成预览：用于产生、浏览和保存材质预览渲染。

⌐ 选项：打开"材质编辑器选项"对话框，在该对话框中可以启用材质动画、加载自定义背景、定义灯光亮度或颜色，以及设置示例窗数目等。

⌐ 按材质选择：选定使用当前材质的所有对象。

⌐ 材质/贴图导航器：单击该按钮可以打开"材质/贴图导航器"对话框，在该对话框会显示当前材质的所有层级。

4. 参数控制区

当使用 3ds Max 默认的"标准（Standrd）材质"时，其材质的相关参数如下。

（1）明暗器基本参数。

展开"明暗器基本参数"卷展栏,在这里可以选择明暗器的类型,还可以设置线框、双面、面贴图和面状等参数,如图 4-18 所示。

【参数详解】

◢ 明暗器列表:明暗器包含 8 种类型,如图 4-19 所示。

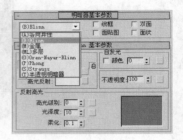

图 4-18　　　　　　　　　　　　　　　　图 4-19

- （A）各向异性:这种明暗器是通过调节两个垂直正向上可见高光尺寸之间的差值,提供一种"重折光"的高光效果,这种渲染属性可以很好地表现毛发、玻璃和被擦拭过的金属等物体,如图 4-20 所示。
- （B）Blinn:这种明暗器以光滑的方式渲染物体表面,它是最常用的一种明暗器,如图 4-21 所示。

图 4-20　　　　　　　　　　　　　　　　图 4-21

- （M）金属:这种明暗器适用于金属表面,它能提供金属所需的强烈反光,如图 4-22 所示。
- （ML）多层:"（ML）多层"明暗器与"（A）各向异性"明暗器很相似,但"（ML）多层"可以控制两个高亮区,因此"（ML）多层"明暗器拥有对材质更多的控制,第 1 高光反射层和第 2 高光反射层具有相同的参数控制,可以对这些参数使用不同的设置,如图 4-23 所示。

图 4-22　　　　　　　　　　　　　　　　图 4-23

- （O）Oren-Nayar-Blinn:这种明暗器适用于无光表面（如纤维或陶土）,与（B）Blinn 明暗器几乎相同,通过它附加的"漫反射级别"和"粗糙度"两个参数可以实现无光效果,如图 4-24 所示。

- （P）Phong：这种明暗器可以平滑面与面之间的边缘，适用于具有强度很高的表面和具有圆形高光的表面，如图 4-25 所示。

- （S）Strauss：这种明暗器适用于金属和非金属表面，与"（M）金属"明暗器十分相似，如图 4-26 所示。

图 4-24

图 4-25

图 4-26

- （T）半透明明暗器：这种明暗器与（B）Blinn 明暗器类似，它与（B）Blinn 明暗器相比较，最大的区别在于它能够设置半透明效果，使光线能够穿透这些半透明的物体，并且在穿过物体内部时离散。

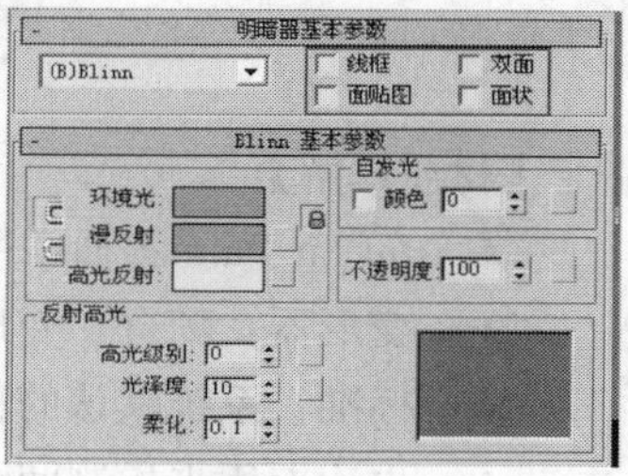

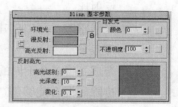
图 4-27

- 线框：以线框模式渲染材质，用户可以在扩展参数上设置线框的大小，如图 4-27 所示。

- 双面：将材质应用到选定的面，使材质成为双面。

- 面贴图：将材质应用到几何体的各个面。如果材质是贴图材质，则不需要贴图坐标，因为贴图会自动应用到对象的每一个面。

- 面状：使对象产生不光滑的明暗效果，把对象的每个面作为平面来渲染，可以用于制作加工过的钻石、宝石或任何带有硬边的表面。

（2）Blinn 基本参数。

下面以（B）Blinn 明暗器来讲解明暗器的基本参数。展开"Blinn 基本参数"卷展栏，在这里可以设置"环境光"、"漫反射"、"高光反射"、"自发光"、"不透明度"、"高光级别"、"光泽度"和"柔化"等属性，如图 4-28 所示。

图 4-28

【参数详解】

- 环境光：环境光用于模拟间接光，比如室外场景的大气光线，也可以用来模拟光能传递。

- 漫反射："漫反射"是在光照条件较好的情况下（比如在太阳光和人工光直射的情况下），物体反射出来的颜色，又被称作物体的"固有色"，也就是物体本身的颜色。

- 高光反射：物体发光表面高亮显示部分的颜色。

- 自发光：使用"漫反射"颜色替换曲面上的任何阴影，从而创建出白炽效果。

- 不透明度：控制材质的不透明度。

- 高光级别：控制反射高光的强度。数值越大，反射强度越高。

- 光泽度：控制镜面高亮区域的大小，即反光区域的尺寸。数值越大，反光区域越小。

- 柔化：影响反光区和不反光区衔接的柔和度。0 表示没有柔化；1 表示应用最大量的柔化效果。

4.2.2 材质类型

单击 Standard 按钮 Standard ，打开 "材质/贴图浏览器"，在其中的 "标准" 卷展栏中可以看到 3ds Max 自带的 15 种材质，如图 4-29 所示。

图 4-29

【材质详解】

⌐ Ink'n Paint：通常用于制作卡通效果。

⌐ 变形器：配合 "变形器" 一起使用，能产生材质融合的变形动画效果。

⌐ 标准：系统默认的材质。

⌐ 虫漆：用来控制两种材质混合的数量比例。

⌐ 顶/底：为一个物体指定不同的材质，一个在顶端，一个在底端，中间交互处可以产生过度效果，并且可以调节这两种材质的比例。

⌐ 多维/子对象：将多个子材质应用到单个对象的子对象。

⌐ 高级照明覆盖：配合光能传递使用的一种材质，能很好地控制光能传递和物体之间的反射比。

⌐ 光线跟踪：可以创建真实的反射和折射效果，并且支持雾、颜色浓度、半透明和荧光等效果。

⌐ 合成：将多个不同的材质叠加在一起，包括一个基本材质和 10 个附加材质，通过添加排除和混合能够创造出复杂多样的物体材质，常用来制作动物和人体皮肤、生锈的金属以及复杂的岩石等物体。

⌐ 混合：将两个不同的材质融合在一起，根据融合度的不同来控制两种材质的显示程度，可以利用这种特性来制作材质变形动画，也可以用来制作一些质感要求较高的物体，如打磨的大理石、上蜡的地板。

⌐ 建筑：主要用于表现建筑外观的材质。

⌐ 壳材质：专门配合 "渲染到贴图" 命令一起使用，其作用是将 "渲染到贴图" 命令产生的贴图再贴回物体造型中。

⌐ 双面：可以为物体内外或正反表面分别指定两种不同的材质，并且可以通过控制它们彼此间的透明度来产生特殊效果，经常用在一些需要在双面显示不同材质的动画中，如纸牌和杯子等。

⌐ 外部参照材质：参考外部对象或参考场景相关运用资料。

⌐ 无光/投影：主要作用是隐藏场景中的物体，渲染时也观察不到，不会对背景进行遮挡，但可遮挡其他物体，并且能产生自身投影和接受投影的效果。

4.2.3 常用材质

1. 混合材质

混合材质可以在模型的单个面上将两种材质通过一定的百分比进行混合，其材质参数设置面板如图 4-30 所示。

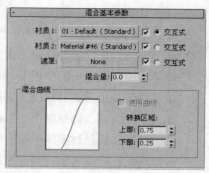

图 4-30

【参数详解】

⌐ 材质 1/材质 2：可以在后面的材质通道中对两种材质进行设置。

⌐ 遮罩：可以选择一张贴图作为遮罩，利用贴图图像的灰度值来决定两种材质的混合情况。

⌐ 混合量：控制两种材质混合的百分比。如果使用"遮罩"材质通道，"混合量"选项将不起作用。

⌐ 交互式：用来选择哪种材质在视图中以实体着色方式进行交互式渲染，材质会显示在物体的表面。

⌐ 混合曲线：用于控制"遮罩"贴图中的黑白色过度区对材质造成的尖锐或柔和的程度。

⌐ 使用曲线：控制是否使用混合曲线来调节混合效果。

⌐ 上部：用于调节混合曲线的上部。

⌐ 下部：用于调节混合曲线的下部。

2. 双面材质

双面材质可以使对象的外表面和内表面同时被渲染，并且可以使内外表面有不同的纹理贴图，其参数设置面板如图 4-31 所示。

图 4-31

【参数详解】

⌐ 半透明：用来设置"正面材质"和"背面材质"的混合程度。值为 0 时，正面材质在外表面，背面材质在内表面；值在 0~100 之间时，两面材质可以相互混合；值为 100 时，"背面材质"在外表面，"正面材质"在内表面。

⌐ 正面材质：用来设置物体外表面的材质。

⌐ 背面材质：用来设置物体内表面的材质。

3. Ink'n Paint 材质

Ink'n Paint 材质可以用来制作卡通效果，Ink'n Paint 材质参数主要包含"基本材质扩展"卷展栏、"绘制控制"卷展栏和"墨水控制"卷展栏，如图 4-32 所示。

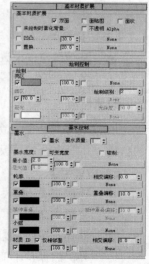

图 4-32

【参数详解】

⌐ 双面：勾选该选项后，可以将材质以双面的方式显示出来。

⌐ 面贴图：勾选该选项后，可以将材质用于几何体的每一个面。

- 面状：勾选该选项后，物体表面将以 N 个小平面来渲染。
- 为绘制时雾化背景：该选项的作用是当关闭绘图时，可以统一绘图区域的材质颜色与背景色。
- 不透明 Alpha：当勾选该选项时，Alpha 通道将变得不透明。
- 凹凸：该选项的作用是为材质添加凹凸贴图。
- 置换：该选项的作用是为材质添加置换贴图。
- 亮区：用来调节材质的固有颜色，可以在后面的贴图通道中添加贴图。
- 绘制级别：调整颜色的色阶。
- 暗区：控制材质的明暗度，可以在后面的贴图通道中添加贴图。
- 高光：控制材质的高光区域。
- 墨水：控制是否开启描边效果。
- 墨水质量：控制边缘形状和采样值。
- 墨水宽度：设置描边的宽度。
- 最小值：设置墨水宽度的最小像素值。
- 最大值：设置墨水宽度的最大像素值。
- 可变宽度：勾选该选项后，可以使描边的宽度在最大值和最小值之间变化。
- 钳制：勾选该选项后，可以使描边宽度的变化范围限制在最大值与最小值之间。
- 轮廓：勾选该选项后，可以使物体外侧产生轮廓线。
- 重叠：当物体与自身的一部分相交迭时使用。
- 延伸重叠：与"重叠"类似，但多用在较远的表面上。
- 小组：用于勾画物体表面光滑组部分的边缘。
- 材质 ID：用于勾画不同材质 ID 之间的边界。

4. 壳材质

壳材质用于烘焙纹理，可以将材质烘焙或附加到场景中的对象上，其参数设置面板如图 4-33 所示。

图 4-33

【参数详解】

- 原始材质：设置基本材质。
- 烘培材质：设置壳材质。

5. 顶/底材质

顶/底材质可以为对象的顶部和底部指定两个不同的材质，其参数设置面板如图 4-34 所示。

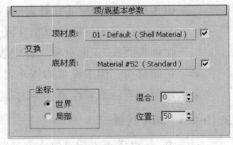

图 4-34

【参数详解】

- 顶材质/底材质：设置顶部与底部材质。
- 交换：交换"顶材质"与"底材质"的位置。
- 世界：按照场景的世界坐标让各个面朝上或朝下。旋转对象时，顶面和底面之间的边界仍然保持不变。
- 局部：按照场景的局部坐标让各个面朝上或朝下。旋转对象时，材质将随着对象旋转。
- 混合：混合顶部子材质和底部子材质之间的边缘。

位置：设置两种材质在对象上划分的位置。

【课堂举例】——用标准材质制作发光效果

【案例学习目标】使用 3ds Max 材质来表现发光效果，案例效果如图 4-35 所示。

【案例知识要点】学习"标准（Standrd）"材质的用法。

【案例文件位置】第 4 章/案例文件/课堂举例——用标准材质制作发光效果/案例文件.max。

【视频教学位置】第 4 章/视频教学/课堂举例——用标准材质制作发光效果.flv。

图 4-35

【操作步骤】

（1）打开光盘中的"第 4 章/素材文件/课堂举例——用标准材质制作发光效果.max"文件，如图 4-36 所示。

（2）选择一个空白材质球，然后设置材质类型为"标准"材质，接着将其命名为"发光材质"，具体参数设置如图 4-37 所示，制作好的材质球效果如图 4-38 所示。

① 设置"漫反射"颜色为（红：65，绿：138，蓝：228）。

② 在"自发光"选项组下勾选"颜色"选项，然后设置颜色为（红：183，绿：209，蓝：248）。

③ 在"不透明度"贴图通道中加载一张"衰减"程序贴图。

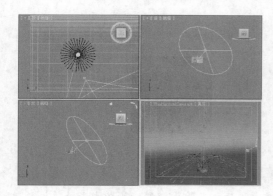

图 4-36

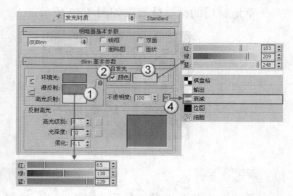

图 4-37

（3）在视图中选择发光条墨水，然后在"材质编辑器"对话框中单击"将材质指定给选定对象"按钮，如图 4-39 所示。

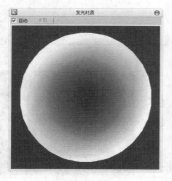

图 4-38

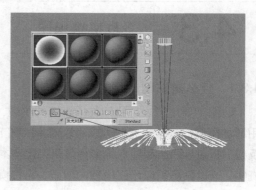

图 4-39

技巧与提示

由于本例是本章的第 1 个案例，因此介绍了如何将材质指定给对象。在后面的案例中，这个步骤会省去。

（4）按 F9 键渲染当前场景，最终效果如图 4-40 所示。

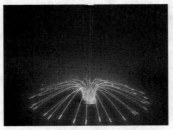

图 4-40

【课堂练习】——用标准材质制作草地

【案例学习目标】使用 3ds Max 材质来制作草地效果，案例效果如图 4-41 所示。

【案例知识要点】学习"标准（Standrd）"材质的用法。

【素材文件位置】第 4 章/素材文件/课堂练习——用标准材质制作草地.max。

【案例文件位置】第 4 章/案例文件/课堂练习——用标准材质制作草地/案例文件.max。

【视频教学位置】第 4 章/视频教学/课堂练习——用标准材质制作草地.flv。

草地材质的材质球效果如图 4-42 所示。

图 4-41

图 4-42

技巧与提示

草地属于多面模型，如果要在 3ds Max 中创建出如此之多的草模型，势必减慢计算机的运行速度，因此为了有效利用计算机内存资源，一般都采用贴图来进行制作。

4.3 3ds Max 贴图

4.3.1 什么是贴图

贴图主要用于表现物体材质表面的纹理，利用贴图可以不用增加模型的复杂程度就可以表现对象的细节，并且可以创建反射、折射、凹凸和镂空等多种效果，比基本材质更精细、更真实。通过贴图可以增强模型的质感，完善模型的造型，使三维场景更接近真实的环境，如图 4-43 所示。

图 4-43

4.3.2   贴图类型

展开 Standard 材质的"贴图"卷展栏,这里有很多贴图通道,在这些通道中可以添加不同的贴图类型来表现物体的属性,如图 4-44 所示。

随意单击一个通道,在弹出的"材质/贴图浏览器"中可以观察到很多 3ds Max 自带的"标准"贴图类型,如图 4-45 所示。

图 4-44

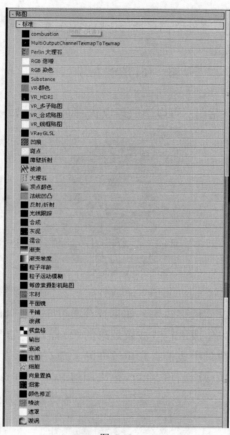

图 4-45

【贴图详解】

- cmbustion:可以同时使用 Autodesk Combustion 软件和 3ds Max 以交互方式创建贴图。使用 Combustion 在位图上进行绘制时,材质将在"材质编辑器"对话框和明暗处理视口中自动更新。

- Perlin 大理石:通过两种颜色混合,产生类似于珍珠岩的纹理,如图 4-46 所示。

- RGB 倍增:通常用作凹凸贴图,但是要组合两个贴图,以获得合适的效果。

- RGB 染色:可以调整图像中 3 种颜色通道的值。3 种色

图 4-46

样代表 3 种通道，更改色样可以调整其相关颜色通道的值。

- Substance：使用这个纹理库，可获得各种范围的材质。
- VRay 颜色：可以用来设置任何颜色。
- VRayHDRI：VRayHDRI 可以翻译为高动态范围贴图，主要用来设置场景的环境贴图，即把 HDRI 当作光源来使用。
- VRay 多子贴图：根据模型的不同 ID 号分配相应的贴图。
- VRay 合成贴图：可以通过两个通道里贴图色度、灰度的不同来进行加、减、乘、除等操作。
- VRay 线框贴图：是一个非常简单的程序贴图，效果和 3ds Max 里的线框材质类似，常用于渲染线框图，如图 4-47 所示。
- 凹痕：这是一种 3D 程序贴图。在扫描线渲染过程中，"凹痕"贴图会根据分形噪波产生随机图案，如图 4-48 所示。
- 斑点：这是一种 3D 贴图，可以生成斑点状表面图案，如图 4-49 所示。

图 4-47　　　　　　　　　　图 4-48　　　　　　　　　　图 4-49

- 薄壁折射：模拟缓进或偏移效果，如果查看通过一块玻璃的图像就会看到这种效果。
- 波浪：这是一种可以生成水花或波纹效果的 3D 贴图，如图 4-50 所示。
- 大理石：针对彩色背景生成带有彩色纹理的大理石曲面，如图 4-51 所示。
- 顶点颜色：根据材质或原始顶点的颜色来调整 RGB 或 RGBA 纹理，如图 4-52 所示。

图 4-50　　　　　　　　　　图 4-51　　　　　　　　　　图 4-52

- 法线凹凸：可以改变曲面上的细节和外观。
- 反射/折射：可以产生反射与折射效果。
- 光线追踪：可以模拟真实的完全反射与折射效果。
- 合成：可以将两个或两个以上的子材质合成在一起。
- 灰泥：用于制作腐蚀生锈的金属和破败的物体，如图 4-53 所示。

- 混合：将两种贴图混合在一起，通常用来制作一些多个材质渐变融合或覆盖的效果。
- 渐变：使用 3 种颜色创建渐变图像，如图 4-54 所示。
- 渐变坡度：可以产生多色渐变效果，如图 4-55 所示。

图 4-53   图 4-54   图 4-55

- 粒子年龄：专门用于粒子系统，通常用来制作彩色粒子流动的效果。
- 粒子运动模糊：根据粒子速度产生模糊效果。
- 每像素摄影机贴图：将渲染后的图像作为物体的纹理贴图，以当前摄影机的方向贴在物体上，可以进行快速渲染。
- 木材：用于制作木材效果，如图 4-56 所示。
- 平面镜：使共平面的表面产生类似于镜面反射的效果。
- 平铺：可以用来制作平铺图像，比如地砖，如图 4-57 所示。
- 泼溅：产生类似油彩飞溅的效果，如图 4-58 所示。

图 4-56   图 4-57   图 4-58

- 棋盘格：可以产生黑白交错的棋盘格图案，如图 4-59 所示。
- 输出：专门用来弥补某些无输出设置的贴图。
- 衰减：基于几何体曲面上面法线的角度衰减来生成从白到黑的过渡效果，如图 4-60 所示。
- 位图：通常在这里加载磁盘中的位图贴图，这是一种最常用的贴图，如图 4-61 所示。
- 细胞：可以用来模拟细胞图案，如图 4-62 所示。
- 向量置换：可以在 3 个维度上置换网格，与法线贴图类似。
- 烟雾：产生丝状、雾状或絮状等无序的纹理效果，如图 4-63 所示。
- 颜色修正：用来调节材质的色调、饱和度、亮度和对比度。
- 噪波：通过两种颜色或贴图的随机混合，产生一种无序的杂点效果，如图 4-64 所示。

图 4-59   图 4-60   图 4-61

图 4-62   图 4-63   图 4-64

- 遮罩：使用一张贴图作为遮罩。
- 漩涡：可以创建两种颜色的漩涡形效果，如图 4-65 所示。

图 4-65

4.3.3　常用贴图

1.　不透明度贴图

　　"不透明度"贴图的应用非常广泛，主要用来制作玻璃、水和水晶等物体。透明材质具有反射和传输光线的特性，通过它的光线也会被染上材质的过滤色，如图 4-66 所示。

图 4-66

知识点——"不透明度"贴图的原理

"不透明度"贴图的原理是通过在"不透明度"通道中加载黑白图像，遵循"黑透、白不透"的原理，即黑白图像中的黑色部分为透明，白色部分为不透明。

图 4-67 所示的场景中并没有真实的植物模型，而是在面片中使用"不透明度"贴图来模拟真实的树模型。

图 4-67

下面详细讲解模拟树模型的制作流程。

（1）在场景中创建 3 个面片，如图 4-68 所示。

（2）打开"材质编辑器"对话框，然后在"漫反射颜色"通道中添加一张树贴图，接着在"不透明度"通道中加载一张树的黑白贴图，如图 4-69 所示，制作好的材质球效果如图 4-70 所示。

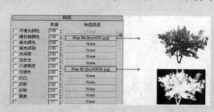

图 4-68   图 4-69   图 4-70

（3）加载贴图后，场景中的面片就被赋予了材质，从而显示出树的模型效果，如图 4-71 所示。按 F9 键简单渲染场景，可以观察到渲染出来的面片已经变成了树效果，如图 4-72 所示。

图 4-71   图 4-72

2. 棋盘格贴图

"棋盘格"贴图可以用来制作棋盘效果，也可以用来检测模型的 UV 是否合理，如图 4-73 所示。比如棋盘格有拉伸现象，那么拉伸处的 UV 也有拉伸现象，如图 4-74 所示。

图 4-73   图 4-74

知识点——棋盘格贴图的使用方法

在"漫反射"贴图通道中加载一张"棋盘格"贴图，如图 4-75 所示。

图 4-75

加载"棋盘格"贴图后，系统会自动切换到"棋盘格"参数设置面板，如图 4-76 所示。

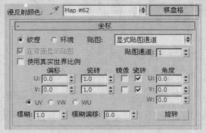

图 4-76

在这些参数中，使用频率最高的是"瓷砖"选项，该选项可以用来改变棋盘格的平铺数量，如图 4-77 所示。

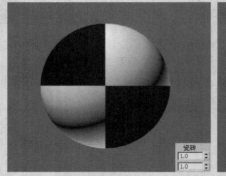

图 4-77

"颜色#1"和"颜色#2"参数主要用来控制棋盘格的两个颜色，如图 4-78 所示。

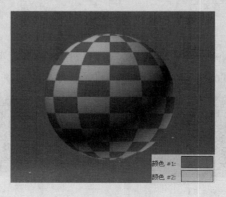

图 4-78

3. 位图贴图

"位图"贴图是一种最基本的贴图类型，也是最常用的贴图类型。可以使用一张位图图像来作为贴图，位图贴图支持很多种格式，包括 FLC、AVI、BMP、GIF、JPEG、PNG、PSD 和 TIFF 等主流图像格式。图 4-79 所示为效果图制作中经常使用到的几种位图贴图。

图 4-79

知识点——位图贴图的使用方法

在所有的贴图通道中都可以加载位图贴图。在"漫反射"贴图通道中加载一张位图贴图，如图 4-80 所示，然后将材质指定给一个球体模型，如图 4-81 所示。

图 4-80

加载位图后，系统会自动弹出位图的参数设置面板，这里的参数主要用来设置位图的"偏移"值、"瓷砖"值和"角度"值，如图 4-82 所示。

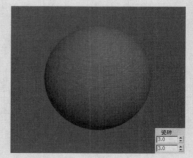

图 4-81   图 4-82

勾选"镜像"选项后，可以看到贴图的方式就变成了镜像方式，当贴图不是无缝贴图时，建议勾选"镜像"选项，如图 4-83 所示。

在"位图参数"卷展栏下勾选"应用"选项，然后单击后面的"查看图像"按钮 查看图像，在弹出的对话框中可以对位图的应用区域进行调整，如图 4-84 所示。

在"坐标"卷展栏下设置"模糊"为 0.01，可以在渲染时得到最精细的贴图效果，如果设置为 1，则可以得到最模糊的贴图效果，如图 4-85 所示。

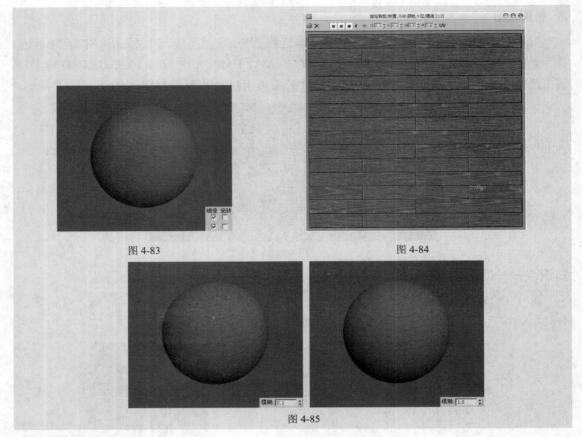

图 4-83   图 4-84

图 4-85

4. 渐变贴图

使用"渐变"贴图可以设置 3 种颜色的渐变效果，如图 4-86 所示。

渐变颜色可以任意修改，修改后的物体的材质颜色也会随之而发生改变，如图 4-87 所示。

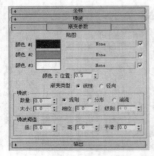

图 4-86

图 4-87

5. 衰减贴图

"衰减"贴图可以用来控制材质强烈到柔和的过渡效果，使用频率比较高，其参数设置面板如图 4-88 所示。

【参数详解】

- 前：侧：用来设置"衰减"贴图的"前"和"侧"通道参数。
- 衰减类型：设置衰减的方式，共有以下 5 个选项。

- 垂直/平行：在与衰减方向相垂直的面法线和与衰减方向相平行的法线之间设置角度衰减的范围。
- 朝向/背离：在面向衰减方向的面法线和背离衰减方向的法线之间设置角度衰减的范围。
- Fresnel：基于"折射率"在面向视图的曲面上产生暗淡反射，而在有角的面上产生较明亮的反射。
- 阴影/灯光：基于落在对象上的灯光，在两个子纹理之间进行调节。
- 距离混合：基于"近端距离"值和"远端距离"值，在两个子纹理之间进行调节。
- 衰减方向：设置衰减的方向。

图 4-88

6. 噪波贴图

使用"噪波"贴图可以将噪波随机添加到物体的表面，以突出材质的质感。"噪波"贴图通过应用分形噪波函数来扰动像素的 UV 贴图，从而表现出非常复杂的物体材质，其参数设置面板如图 4-89 所示。

【参数详解】

- 噪波类型：共有 3 种类型，分别是"规则"、"分形"和"湍流"。
- 大小：设置噪波函数的比例。
- 噪波阈值：控制噪波的效果，取值范围为 0~1。
- 级别：决定有多少分形能量用于"分形"和"湍流"噪波函数。
- 相位：控制噪波函数的动画速度。
- 交换：交换两个颜色或贴图的位置。
- 颜色#1/颜色#2：可以从这两个主要噪波颜色中进行选择，并通过所选的两种颜色来生成中间颜色值。

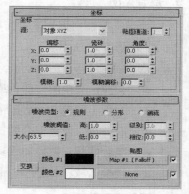

图 4-89

7. 斑点贴图

"斑点"贴图常用来制作具有斑点的物体，其参数设置面板如图 4-90 所示。

【参数详解】

- 大小：调整斑点的大小。
- 交换：交换两个颜色或贴图的位置。
- 颜色#1：设置斑点的颜色。
- 颜色#2：设置背景的颜色。

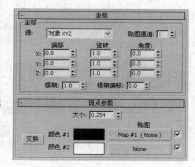

图 4-90

8. 泼溅贴图

"泼溅"贴图可以用来制作油彩泼溅的效果，其参数设置面板如图 4-91 所示。

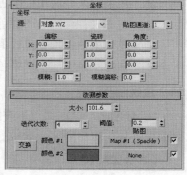

图 4-91

【参数详解】

- 大小：设置泼溅的大小。
- 迭代次数：设置计算分形函数的次数。数值越高，泼溅效果越细腻，但是会增加计算时间。
- 阈值：确定"颜色 1"与"颜色 2"的混合量。值为 0 时，仅显示"颜色 1"；值为 1 时，仅显示"颜色 2"。
- 交换：交换两个颜色或贴图的位置。
- 颜色#1：设置背景颜色。
- 颜色#2：设置泼溅颜色。

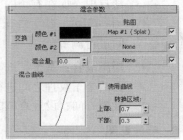

图 4-92

9. 混合贴图

"混合"贴图可以用来制作材质之间的混合效果，其参数设置面板如图 4-92 所示。

【参数详解】

- 交换：交换两个颜色或贴图的位置。
- 颜色 1/颜色 2：设置混合的两种颜色。
- 混合量：设置混合的比例。
- 混合曲线：调整曲线可以控制混合的效果。
- 转换区域：调整"上部"和"下部"的级别。

10. 颜色修正贴图

"颜色修正"贴图可以用来调节贴图的"色调"、"饱和度"、"亮度"和"对比度"等，其参数设置面板如图 4-93 所示。

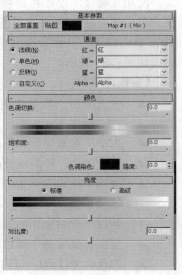

【参数详解】

- 法线：将未经改变的颜色通道传递到"颜色"卷展栏下的参数中。
- 单色：将所有的颜色通道转换为灰度图。
- 反转：使用红、绿、蓝颜色通道的反向通道来替换各个通道。
- 自定义：使用卷展栏中的其他选项将不同的设置应用到每一个通道中。
- 色调切换：使用标准色谱来更改颜色。
- 饱和度：调整贴图颜色的强度或纯度。
- 色调染色：根据色样值来色化所有非白色的贴图像素（对灰度图无效）。
- 强度：调整"色调染色"对贴图像素的影响程度。

图 4-93

11. 法线凹凸贴图

"法线凹凸"贴图多用于表现高精度模型的材质效果，其参数设置面板如图 4-94 所示。

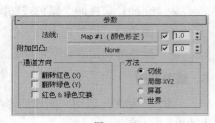

【参数详解】

- 法线：包含由渲染到纹理生成的法线贴图。
- 附加凹凸：包含其他用于修改凹凸或位移的贴图。

图 4-94

- 翻转红色（X）：翻转红色通道。
- 翻转绿色（Y）：翻转绿色通道。
- 红色&绿色交换：交换红色和绿色通道，这样可以使法线贴图旋转 90°。
- 切线：从切线方向投射到目标对象的曲面。
- 局部 XYZ：使用对象局部坐标进行投影。
- 屏幕：使用屏幕坐标进行投影，即在 z 轴方向上的平面进行投影。
- 世界：使用世界坐标进行投影。

【课堂举例】——用衰减贴图制作墙壁材质

【案例学习目标】使用"衰减"程序贴图来表达逼真的墙纸效果，案例效果如图 4-95 所示。

【案例知识要点】学习"衰减"程序贴图的用法。

【案例文件位置】第 4 章/案例文件/课堂举例——用衰减贴图制作墙壁材质/案例文件.max。

【视频教学位置】第 4 章/视频教学/课堂举例——用衰减贴图制作墙壁材质.flv。

图 4-95

【操作步骤】

（1）打开光盘中的"第 4 章/素材文件/课堂举例——用衰减贴图制作墙壁材质.max"文件，如图 4-96 所示。

（2）选择一个空白材质球，然后设置材质类型为 VRayMtl 材质，并将其命名为"墙壁"，接着在"漫反射"贴图通道中加载一张光盘中的"壁纸.jpg"文件，如图 4-97 所示。

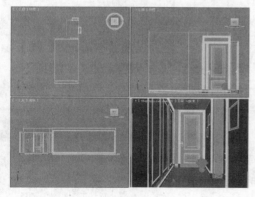

图 4-96

图 4-97

（3）在"反射"贴图通道中加载一张"衰减"程序贴图，然后设置"衰减类型"为 Fresnel（菲涅耳），接着设置"高光光泽度"为 0.7、"反射光泽度"为 0.8、"细分"为 14，具体参数设置如图 4-98 所示，制作好的材质球效果如图 4-99 所示。

（4）将制作好的材质指定给场景中的地板模型，然后按 F9 键渲染当前场景，最终效果如图 4-100 所示。

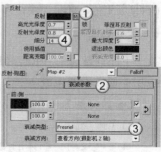

图 4-98

图 4-99   图 4-100

【课堂练习】——用噪波贴图制作椅子绒布材质

【案例学习目标】使用"噪波"程序贴图来表达逼真的绒布效果，案例效果如图 4-101 所示。

【案例知识要点】学习"噪波"程序贴图的用法。

【素材文件位置】第 4 章/素材文件/课堂练习——用噪波贴图制作椅子绒布材质.max。

【案例文件位置】第 4 章/案例文件/课堂练习——用噪波贴图制作椅子绒布材质/案例文件.max。

【视频教学位置】第 4 章/视频教学/课堂练习——用噪波贴图制作椅子绒布材质.flv。

图 4-101

4.4 VRay 常用材质与程序贴图

4.4.1 VRayMtl 材质

VRayMtl 材质在 VRay 渲染器中是最常用的一种材质，用户可以通过它的贴图通道制作出真实的材质，比如反射、折射、模糊、凹凸、置换等，并且一个场景如果全部使用 VRayMtl 材质会比使用 3ds Max 的材质的渲染速度要快很多。

1. 基本参数

下面详解讲解 VRayMtl 材质的相关参数，图 4-102 是 VRayMtl 的基本参数设置面板。

图 4-102

【参数详解】

（1）漫反射。

◢ 漫反射：物体的漫反射用来决定物体的表面颜色。通过单击它的色块，可以调整自身的颜色。单击右边的 ▨ 按钮可以选择不同的贴图类型。

- ▲ 粗糙度：数值越大，粗糙效果越明显，可以用该选项来模拟绒布的效果。

技巧与提示

平时看到的物体表面颜色还与反射、折射的颜色有联系。

（2）反射。

- ▲ 反射：这里的反射是靠颜色的灰度来控制，颜色越白反射越亮，越黑反射越弱；而这里选择的颜色则是反射出来的颜色，和反射的强度是分开来计算的。单击旁边的 ▨ 按钮，可以使用贴图的灰度来控制反射的强弱。

技巧与提示

颜色分为色度和灰度，灰度用来控制反射的强弱，色度用来控制反射出什么颜色。

- ▲ 高光光泽度：控制材质的高光大小，默认情况下和"反射光泽度"一起关联控制，可以通过单击旁边的 L 按钮来解除锁定，从而单独调整高光的大小。

- ▲ 反射光泽度：通常也被称为"反射模糊"。物理世界中所有的物体都有反射光泽度，只是或多或少而已。默认值 1 表示没有模糊效果，而比较小的值表示模糊效果越强烈。单击右边的 ▨ 按钮，可以通过贴图的灰度来控制反射模糊的强弱。

- ▲ 细分：用来控制"反射光泽度"的品质，较高的值可以取得较平滑的效果，而较低的值可以让模糊区域产生颗粒效果。注意，细分值越大，渲染速度越慢。

- ▲ 使用插值：当勾选该参数时，VRay 能够使用类似于"发光贴图"的缓存方式来加快反射模糊的计算。

- ▲ 菲涅耳反射：勾选该选项后，反射强度会与物体的入射角度有关系，入射角度越小，反射越强烈。当垂直入射的时候，反射强度最弱。同时，菲涅耳反射的效果也和下面的"菲涅耳折射率"有关。当"菲涅耳折射率"为 0 或 100 时，将产生完全反射；而当"菲涅耳折射率"从 1 变化到 0 时，反射将逐渐加强；同样，当"菲涅耳折射率"从 1 变化到 100 时，反射也是呈逐渐加强的趋势。

技巧与提示

下面通过真实物理世界中的照片来说明一下菲涅耳反射现象。在图 4-103 中，由于远处的玻璃与人眼的视线构成的角度较大（也就是入射角度小），所以反射比较强烈；而近处的玻璃与人眼的视线构成的角度较小（也就是入射角大），所以反射比较弱。

图 4-103

- ▲ 最大深度：反射的最大次数。反射次数越多，反射就越彻底，当然需要的渲染时间也越长。通常保持默认值 5 就比较合适了。

⊿ 退出颜色：当物体的反射次数达到最大次数时就会停止计算反射，这时由于反射次数
不够造成的反射区域的颜色就用退出色来代替。

技巧与提示

下面来看一个小场景的测试效果，这是金属球的测试效果，如图 4-104 所示。从图中可以看
出，金属的基本属性都已经表现出来了。

图 4-104

图 4-105 是上图的金属材质的测试参数。由于这里设置的"反射光泽度"为 0.96，所以反射
的"细分"值设置为 20 也对渲染速度基本没有影响。

图 4-105

（3）折射。

⊿ 折射：和反射的原理一样，颜色越白，物体越透明，进入物体内部产生折射的光线也
就越多；颜色越黑，物体越不透明，产生折射的光线也就越少。单击右边的█按钮，
可以通过贴图的灰度来控制折射的强弱。

⊿ 光泽度：用来控制物体的折射模糊程度。值越小，模糊程度越明显。默认值 1 不产生
折射模糊。单击右边的按钮█，可以通过贴图的灰度来控制折射模糊的强弱。

⊿ 细分：用来控制折射模糊的品质。较高的值可以得到比较光滑的效果，但是渲染速度
会变慢；而较低的值可以使模糊区域产生杂点，但是渲染速度会变快。

⊿ 使用插值：当勾选该选项时，VRay 能够使用类似于"发光贴图"的缓存方式来加快"光
泽度"的计算。

⊿ 影响阴影：这个选项用来控制透明物体产生的阴影。勾选该选项时，透明物体将产生
真实的阴影。注意，这个选项仅对"VRay 灯光"和"VRay 阴影"有效。

⊿ 影响 Alpha：勾选这个选项时，将会影响透明物体的 Alpha 通道效果。

　　⊿　折射率：设置透明物体的折射率。

　　真空的折射率是 1，水的折射率是 1.33，玻璃的折射率是 1.5，水晶的折射率是 2，钻石的折射率是 2.4，这些都是制作效果图常用的折射率。

　　⊿　最大深度：和反射中的最大深度原理一样，用来控制折射的最大次数。

　　⊿　退出颜色：当物体的折射次数达到最大次数时就会停止计算折射，这时由于折射次数不够造成的折射区域的颜色就用退出色来代替。

　　⊿　烟雾颜色：这个选项可以让光线通过透明物体后使光线变少，就好像和物理世界中的半透明物体一样。这个颜色值和物体的尺寸有关，厚的物体颜色需要设置淡一点才有效果。

　　⊿　烟雾倍增：可以理解为烟雾的浓度。值越大，雾越浓，光线穿透物体的能力越差。不推荐使用大于 1 的值。

　　⊿　烟雾偏移：控制烟雾的偏移，较低的值会使烟雾向摄影机的方向偏移。

　　下面来看一个测试的玻璃材质，如图 4-106 所示，玻璃的基本属性都已经表现出来了。测试参数如图 4-107 所示，用户可以直接按照这个参数来制作玻璃材质。

图 4-106

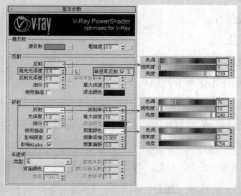

图 4-107

（4）半透明。

　　⊿　类型：半透明效果（也叫 3S 效果）的类型有 3 种，一种是"硬（蜡）模型"，比如蜡烛；一种是"软（水）模型"，比如海水；还有一种是"混合模型"。

　　⊿　背面颜色：用来控制半透明效果的颜色。

▟ 厚度：用来控制光线在物体内部被追踪的深度，也可以理解为光线的最大穿透能力。较大的值，会让整个物体都被光线穿透；较小的值，可以让物体比较薄的地方产生半透明现象。

▟ 散布系数：物体内部的散射总量。0 表示光线在所有方向被物体内部散射；1 表示光线在一个方向被物体内部散射，而不考虑物体内部的曲面。

▟ 前/后驱系数：控制光线在物体内部的散射方向。0 表示光线沿着灯光发射的方向向前散射；1 表示光线沿着灯光发射的方向向后散射；0.5 表示这两种情况各占一半。

▟ 灯光倍增：光线穿透能力倍增值，值越大，散射效果越强。

技巧与提示

下面来看一张典型半透明效果的测试图，如图 4-108 所示，其参数设置如图 4-109 所示，用户可以直接按照这个参数来制作半透明材质。

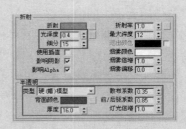

图 4-108   图 4-109

2. BRDF

BRDF 是 Bidirectional Reflection Distribution Function 的简称，表示双向反射分布的意思，主要用于控制物体表面的反射特性。当反射颜色不是黑色和"反射光泽度"不为 1 时，这个功能才有效果，其参数面板如图 4-110 所示。

图 4-110

【参数详解】

▟ 类型：VRayMtl 提供了 3 种双向反射分布类型。

● 多面：高光区域最小。

● 反射：高光区域次之。

● 沃德：高光区域最大。

▟ 各向异性：控制高光区域的形状。

▟ 旋转：控制高光形状的角度。

▟ UV 矢量源：控制高光形状的轴向，也可以通过贴图通道来设置。

技巧与提示

关于 BRDF 现象，在物理世界中随处可见。比如在图 4-111 中，可以看到不锈钢锅底的高光形状是由两个锥形构成的，这就是 BRDF 现象。这是因为不锈钢表面是一个有规律的均匀的凹槽（比如常见的拉丝不锈钢效果），当光反射到这样的表面上就会产生 BRDF 现象。

下面结合 VRayMtl 材质的基本参数和 BRDF 参数来测试一下 BRDF 现象的表现，如图 4-112 所示，这就是 BRDF 的渲染效果，效果非常明显，其参数设置如图 4-113 所示。

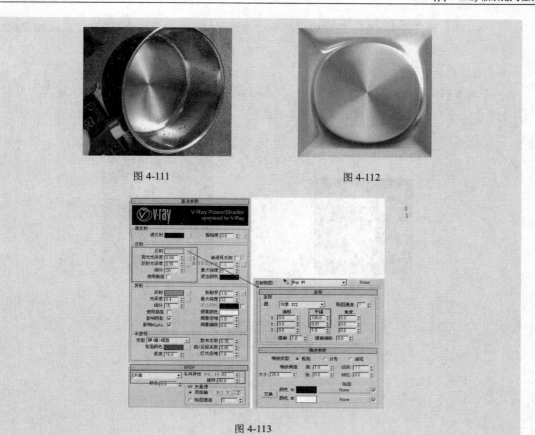

图 4-111　　　　　　　　　　　图 4-112

图 4-113

3. 选项

展开"选项"卷展栏，如图 4-114 所示。

图 4-114

【参数详解】

- ꓸ 跟踪反射：控制光线是否追踪反射。如果不勾选该选项，VRay 将不渲染反射效果。
- ꓸ 跟踪折射：控制光线是否追踪折射。如果不勾选该选项，VRay 将不渲染折射效果。
- ꓸ 双面：控制 VRay 渲染的面是否为双面。
- ꓸ 背面反射：勾选该选项时，将强制 VRay 计算反射物体的背面产生反射效果。

技巧与提示

由于其他部分的参数在制作效果图的时候用得不多，所以这里就不详细讲解了。

4.4.2　VRay 双面材质

"VRay 双面材质"可以设置物体前、后两面不同的材质，常用来制作纸张、窗帘、树叶等效果，其参数面板如图 4-115 所示。

图 4-115

【参数详解】

- ꓸ 正面材质：物体正面的材质。
- ꓸ 背面材质：物体背面的材质；当勾选 None 按钮后面的复选框时，用户就可以指定不同于正面的材质。
- ꓸ 半透明：当设置为 0 时，最终效果将全部是正面的材质；当设置为 1 时，最终效果将全部是背面材质；当设置为 0.5 时，正面和背面材质各占一半。

技巧与提示

下面来测试一个双面材质，图 4-116 是渲染的叶子效果，主要用到了"VRay 双面材质"，图 4-117 是这个测试场景的线框模型，图 4-118 是这个场景（叶子）的材质参数。

图 4-116　　　　　　　　　　　　　　　　图 4-117

图 4-118

4.4.3　VRay 灯光材质

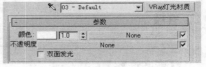

"VRay 灯光材质"可以指定给物体，并把物体当作光源来使用，效果和 3ds Max 里的自发光效果比较类似，用户可以把它制作成材质光源，其参数面板如图 4-119 所示。

图 4-119

【参数详解】

- 颜色：材质光源的发光颜色，可以用贴图来控制颜色。
- 不透明度：用贴图来指定发光体的透明度。
- 双面发光：当勾选该选项时，它可以让材质光源双面发光。

技巧与提示

图 4-120 中的场景是"VRay 灯光材质"的渲染效果，从图中可以体验到材质的发光效果。

图 4-121 是这个场景的材质参数，为了让灯的贴图色彩正常，所以采用了"VRay 材质包裹器"来加大间接照明的产生能力，从而到达发光效果。

图 4-120　　　　　　　　　　　　　　　　图 4-121

4.4.4 VRay 材质包裹器

"VRay 材质包裹器"主要用来控制材质的全局光照、焦散和物体的不可见等特殊属性。通过材质包裹器的设定，可以控制所有赋予该材质物体的全局光照、焦散和不可见等属性，其参数面板如图 4-122 所示。

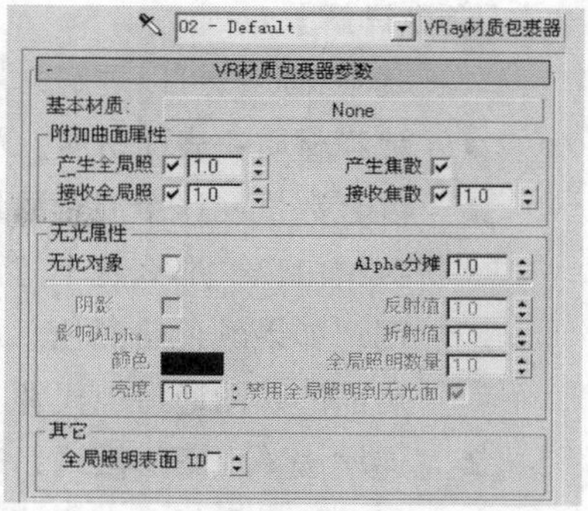

【参数详解】

⌐ 基本材质：用来设置"VRay 材质包裹器"中使用的基础材质参数，此材质必须是 VRay 渲染器支持的材质类型。

图 4-122

⌐ 附加曲面属性：这里的参数主要用来控制赋予材质包裹器物体的接受、产生 GI 属性以及接受、产生焦散属性。

• 产生全局照明：控制当前赋予材质包裹器的物体是否计算 GI 光照的产生，后面的数值框用来控制 GI 的倍增数量。

• 接收全局照明：控制当前赋予材质包裹器的物体是否计算 GI 光照的接收，后面的数值框用来控制 GI 的倍增数量。

• 产生焦散：控制当前赋予材质包裹器的物体是否产生焦散。

• 接收焦散：控制当前赋予材质包裹器的物体是否接收焦散，后面的数值框用于控制当前赋予材质包裹器的物体的焦散倍增值。

⌐ 无光属性：目前 VRay 还没有独立的"不可见/阴影"材质，但"VRay 材质包裹器"里的这个不可见选项可以模拟"不可见/阴影"材质效果。

• 无光对象：控制当前赋予材质包裹器的物体是否可见，勾选该选项后，物体将不可见。

• Alpha 分摊：控制当前赋予材质包裹器的物体在 Alpha 通道的状态。1 表示物体产生 Alpha 通道；0 表示物体不产生 Alpha 通道；–1 将表示会影响其他物体的 Alpha 通道。

• 阴影：控制当前赋予材质包裹器的物体是否产生阴影效果。勾选该选项后，物体将产生阴影。

• 影响 Alpha：勾选该选项后，渲染出来的阴影将带 Alpha 通道。

• 颜色：用来设置赋予材质包裹器的物体产生的阴影颜色。

• 亮度：控制阴影的亮度。

• 反射值：控制当前赋予材质包裹器的物体的反射数量。

• 折射值：控制当前赋予材质包裹器的物体的折射数量。

• 全局照明数量：控制当前赋予材质包裹器的物体的间接照明总量。

4.4.5 VRay 混合材质

"VRay 混合材质"可以让多个材质以层的方式混合来模拟物理世界中的复杂材质。"VRay 混合材质"和 3ds Max 里的混合材质的效果比较类似，但是其渲染速度比 3ds Max 的快很多，其参数面板如图 4-123 所示。

图 4-123

【参数详解】

- 基本材质：可以理解为最基层的材质。
- 镀膜材质：表面材质，可以理解为基本材质上面的材质。
- 混合数量：这个混合数量是表示"镀膜材质"混合多少到"基本材质"上面。如果颜色给白色，那么这个"镀膜材质"将全部混合上去，而下面的"基本材质"将不起作用；如果颜色给黑色，那么这个"镀膜材质"自身就没什么效果。混合数量也可以由后面的贴图通道来代替。
- 递增法（虫漆）模式：选择这个选项，"VRay 混合材质"将和 3ds Max 里的"虫漆"材质效果类似，一般情况下不勾选它。

> ┃技巧与提示┃
>
> 下面来看一张"VRay 混合材质"的测试效果，图 4-124 所示的场景是用"VRay 混合材质"渲染的车漆效果。

图 4-124

图 4-125 是"VRay 混合材质"测试场景的材质参数，在底漆里，用了一个很基本的白色。在面漆里，设置了一个镜面反射，而镜面反射的强度由"混合数量"的颜色来决定，这里设置了一个 80 灰度的灰色。

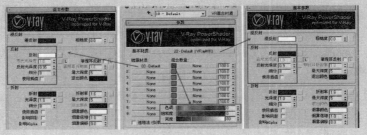

图 4-125

4.4.6 VRay 快速 SSS

"VRay 快速 SSS"是用来计算次表面散射效果的材质。这是一个内部计算简化了的材质，它比用 VRayMtl 材质里的半透明参数的渲染速度更快。但它不包括漫反射和模糊效果，如果要创建这些效果可以使用"VRay 混合材质"来进行制作，其参数面板如图 4-126 所示。

图 4-126

【参数详解】

- 预处理比率：值为 0 时就相当于不用插补里的效果；值为－1 时的效果相差 1/2；值为－2 时效果相差 1/4，依此类推。

- 插补采样：用补插的算法来提高精度，可以理解为模糊过度的一种算法。
- 漫射粗糙度：可以得到类似于绒布的效果，受光面能吸光。
- 浅层半径：依照场景尺寸来衡量物体浅层的次表面散射半径。
- 浅层颜色：次表面散射的浅层颜色。
- 深层半径：依照场景尺寸来衡量物体深层的次表面散射半径。
- 深层颜色：次表面散射的深层颜色。
- 背面散射深度：调整材质背面次表面散射的深度。
- 背面半径：调整材质背面次表面散射的半径。
- 背面颜色：调整材质背面次表面散射的颜色。
- 浅层纹理：是指用浅层半径来附着的纹理贴图。
- 深层纹理：是指用深层半径来附着的纹理贴图。
- 背面纹理：是指用背面散射深度来附着的纹理贴图。

技巧与提示

　　下面来看一张使用"VRay 快速 SSS"材质的测试渲染效果，如图 4-127 所示，其参数设置如图 4-128 所示，用户可以直接按照这个参数来制作快速 SSS 材质。

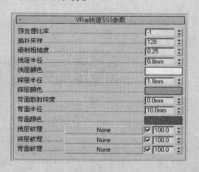

图 4-127　　　　　　　　　　　　图 4-128

4.4.7　VRay 替代材质

　　"VRay 替代材质"可以让用户更广范地去控制场景的色彩融合、反射、折射等。它主要包括 5 种材质，分别是"基本材质"、"全局光材质"、"反射材质"、"折射材质"和"阴影材质"，其参数面板如图 4-129 所示。

图 4-129

【参数详解】

- 基本材质：这个是物体的基础材质。
- 全局光材质：这个是物体的全局光材质，当使用这个参数的时候，灯光的反弹将依照这个材质的灰度来进行控制，而不是基础材质。
- 反射材质：物体的反射材质，即在反射里看到的物体的材质。
- 折射材质：物体的折射材质，即在折射里看到的物体的材质。
- 阴影材质：基本材质的阴影将用该参数中的材质来进行控制，而基本材质的阴影将无效。

技巧与提示

图 4-130 的效果就是"VRay 替代材质"的表现。镜框边辐射绿色，是因为用了"全局光材质"；近处的陶瓷瓶在镜子中的反射是红色，是因为用了"反射材质"；而玻璃瓶子折射的是淡黄色，是因为用了"折射材质"。这个场景的参数设置如图 4-131、图 4-132 和图 4-133 所示。

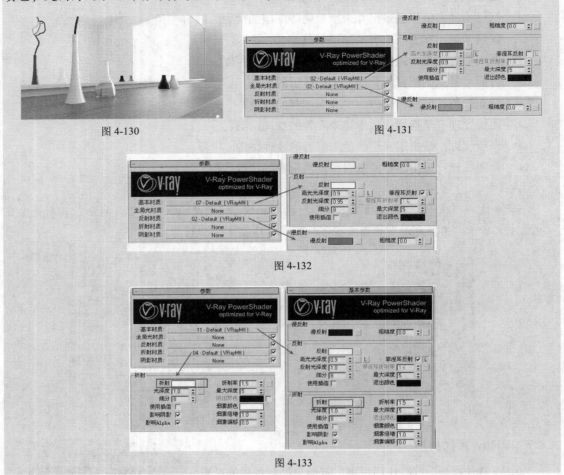

图 4-130　　　　　　　　　　图 4-131

图 4-132

图 4-133

4.4.8　VRay 的程序贴图

1. VRay 位图过滤

"VRay 位图过滤"是一个非常简单的程序贴图，它可以编辑贴图纹理的 x、y 轴向，其参数面板如图 4-134 所示。

图 4-134

【参数详解】

- 位图：单击后面的 None 按钮可以加载一张位图。
- U 偏移：x 轴向的偏移数量。
- 镜像 U：位图在 x 轴向反转。
- V 偏移：y 轴向的偏移数量。
- 镜像 V：位图在 y 轴向反转。
- 通道：用来与物体指定的贴图坐标相对应。

2. VRay 合成贴图

"VRay 合成贴图"可以通过两个通道里贴图色度、灰度的不同来进行减、乘、除等操作，其参数面板如图 4-135 所示。

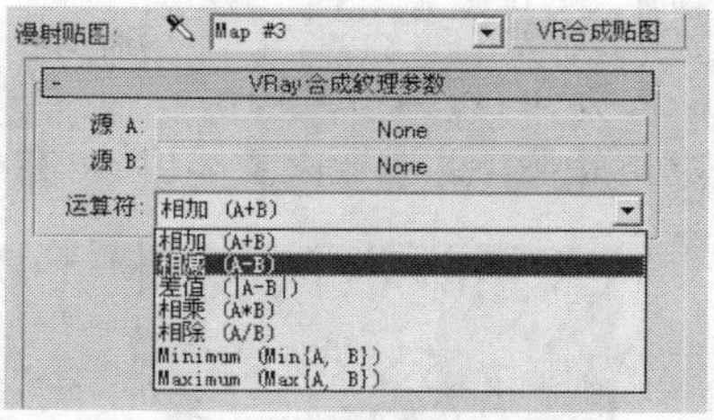

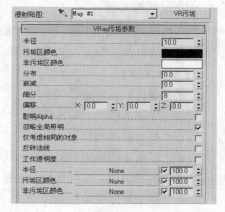

图 4-135

【参数详解】

　　⊿　源 A：贴图通道 A。

　　⊿　源 B：贴图通道 B。

　　⊿　运算符：用于比较 A 通道材质和 B 通道材质的运算方式。

　　●　相加（A＋B）：与 Photoshop 图层中的叠加相似，两图相比较，亮区相加，暗区不变。

　　●　相减（A－B）：A 通道贴图的色度、灰度减去 B 通道贴图的色度、灰度。

　　●　差值（|A－B|）：两图相比较，将产生照片负效果。

　　●　相乘（A*B）：A 通道贴图的色度、灰度乘以 B 通道贴图的色度、灰度。

　　●　相除（A/B）：A 通道贴图的色度、灰度除以 B 通道贴图的色度、灰度。

　　●　Minimum（Min{A,B}）：取 A 通道和 B 通道的贴图色度、灰度的最小值。

　　●　Maximum（Max{A,B}）：取 A 通道和 B 通道的贴图色度、灰度的最大值。

3. VRay 污垢

"VRay 污垢"可以用来模拟真实物理世界中的物体上的污垢效果，比如墙角上的污垢、铁板上的铁锈等效果，其参数面板如图 4-136 所示。

图 4-136

【参数详解】

　　⊿　半径：以场景单位为标准来控制污垢区域的半径。同时也可以使用贴图来控制半径，按照贴图的灰度：白色表示将产生污垢效果；黑色表示将不产生污垢效果；灰色就按照它的灰度百分比来显示污垢效果。

　　⊿　污垢区颜色：污垢区域的颜色。

　　⊿　非污垢区颜色：非污垢区域的颜色。

　　⊿　分布：控制污垢的分布，0 表示均匀分布。

　　⊿　衰减：污垢区域到非污垢区域的过渡效果。

　　⊿　细分：污垢区域的细分。小的值会产生杂点，但是渲染速度比较快；大的值不会有杂点，但是渲染速度比较慢。

　　⊿　偏移（X，Y，Z）：污垢在 x、y、z 轴向上的偏移。

　　⊿　忽略全局照明：这个选项决定是否让污垢效果参加全局照明计算。

　　⊿　仅考虑相同的对象：当勾选该选项时，污垢效果只影响它们自身；当关闭该选项时，整个场景的物体都会受到影响。

　　⊿　反转法线：反转污垢效果的法线。

图 4-137 是"VRay 污垢"材质的一个测试场景,大家可以感觉一下"VRay 污垢"材质的渲染效果,其参数设置如图 4-138 所示。

图 4-137

图 4-138

4. VRay 线框贴图

"VRay 线框贴图"是一个非常简单的材质,效果和 3ds Max 里的线框材质类似,其参数面板如图 4-139 所示。

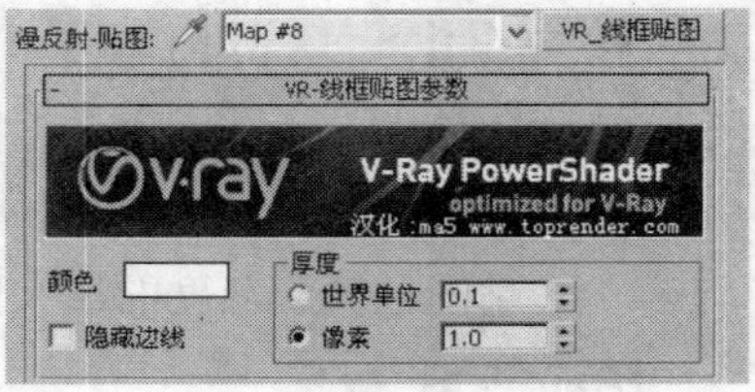

【参数详解】

- ⊿ 颜色:设置边线的颜色。
- ⊿ 隐藏边线:当勾选该选项时,物体背面的边线也将被渲染出来。

图 4-139

- ⊿ 厚度:决定边线的厚度,主要分为以下两个单位。
- • 世界单位:厚度单位为场景尺寸单位。
- • 像素:厚度单位为像素。

图 4-140 是"VRay 边纹理材质"的测试渲染效果,其参数设置如图 4-141 所示。

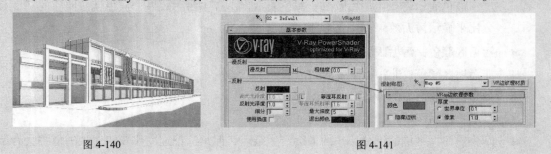

图 4-140

图 4-141

5. VRay 颜色

"VRay 颜色"可以用来设定任何颜色,其参数面板如图 4-142 所示。

【参数详解】

- ⊿ 红:红色通道的值。
- ⊿ 绿:绿色通道的值。

图 4-142

- 蓝:蓝色通道的值。
- RGB 倍增值:控制红、绿、蓝色通道的倍增。
- Alpha:这个是 Alpha 通道的值。

6. VRayHDRI

VRayHDRI 可以翻译为高动态范围贴图,主要用来设置场景的环境贴图,即把 HDRI 当作光源来使用,其参数面板如图 4-143 所示。

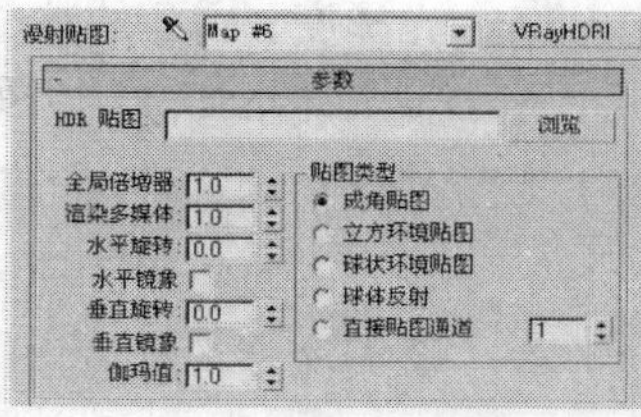

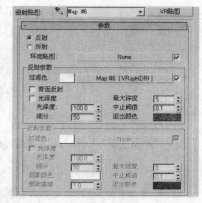

图 4-143

【参数详解】

- HDR 贴图:单击后面的"浏览"按钮可以指定一张 HDR 贴图。
- 全局倍增器:用来控制 HDRI 的亮度。
- 渲染多媒体:设置渲染时的光强度倍增。
- 水平旋转:控制 HDRI 在水平方向的旋转角度。
- 水平镜像:让 HDRI 在水平方向上反转。
- 垂直旋转:控制 HDRI 在垂直方向的旋转角度。
- 垂直镜像:让 HDRI 在垂直方向上反转。
- 伽玛值:设置贴图的伽玛值。
- 贴图类型:控制 HDRI 的贴图方式,主要分为以下 5 类。
- 成角贴图:主要用于使用了对角拉伸坐标方式的 HDRI。
- 立方环境贴图:主要用于使用了立方体坐标方式的 HDRI。
- 球状环境贴图:主要用于使用了球形坐标方式的 HDRI。
- 球体反射:主要用于使用了镜像球形坐标方式的 HDRI。
- 直接贴图通道:主要用于对单个物体指定环境贴图。

7. VRay 贴图

因为 VRay 不支持 3ds Max 里的光线追踪贴图类型,所以在使用 3ds Max 标准材质时的反射和折射就用"VRay 贴图"来代替,其参数面板如图 4-144 所示。

【参数详解】

(1)基本参数。

- 反射:当"VRay 贴图"放在反射通道里时,需要选择这个选项。
- 折射:当"VRay 贴图"放在折射通道里时,需要选择这个选项。

图 4-144

- 环境贴图:为反射和折射材质选择一个环境贴图。

(2)反射参数。

- 过滤色:控制反射的程度,白色将完全反射周围的环境,而黑色将不发生反射效果。也可以用后面贴图通道里的贴图的灰度来控制反射程度。
- 背面反射:当选择这个选项时,将计算物体背面的反射效果。
- 光泽度:控制反射模糊效果的开关。

光泽度：后面的数值框用来控制物体的反射模糊程度。0 表示最大程度的模糊；100000 表示最小程度的模糊（基本上有模糊效果）。

细分：用来控制反射模糊的质量。较小的值将得到很多杂点，但是渲染速度比较快；较大的值将得到比较光滑的效果，但是渲染速度比较慢。

最大深度：计算物体的最大反射次数。

中止阈值：用来控制反射追踪的最小值。较小的值可以得到比较好的反射效果，但是渲染速度比较慢；较大的值的反射效果不理想，但是渲染速度比较快。

退出颜色：当反射已经达到最大次数后，未被反射追踪到的区域的颜色。

（3）折射参数。

过滤色：控制折射的程度，白色将完全折射，而黑色将不发生折射。同样也可以用后面贴图通道里的贴图灰度来控制折射程度。

光泽度：控制模糊效果的开关。

光泽度：后面的数值框用来控制物体的折射模糊程度。0 表示最大程度的模糊；100000 表示最小程度的模糊（基本上没有模糊效果）。

细分：用来控制折射模糊的质量。较小的值将得到很多杂点，但是渲染速度比较快；较大的值将得到比较光滑的效果，但是渲染速度比较慢。

烟雾颜色：也可以理解为光线的穿透能力。白色将不产生烟雾效果，黑色物体将不透明；颜色越深，光线穿透能力越差，烟雾效果越浓。

烟雾倍增：用来控制烟雾效果的倍增，较小的值可以得到比较淡的烟雾效果，较大的值可以得到比较浓的烟雾效果。

最大深度：计算物体的最大折射次数。

中止阈值：用来控制折射追踪的最小值。较小的值可以得到比较好的折射效果，但是渲染速度比较慢；较大的值的折射效果不理想，但是渲染速度比较快。

退出颜色：当折射已经达到最大次数后，未被折射追踪到的区域的颜色。

技巧与提示

到此为止，材质部分的参数讲解就告一段落。这部分内容比较枯燥，希望用户能多观察和分析真实物理世界中的质感，再通过自己的练习，把参数的内在含义牢牢掌握，这样才能熟练运用到自己的场景中。

【课堂举例】——用 VRayMtl 制作地板材质

【案例学习目标】使用 VRayMtl 制作真实的地板效果，案例效果如图 4-145 所示。

图 4-145

【案例知识要点】学习 VRayMtl 的用法。

【案例文件位置】第 4 章/案例文件/课堂举例——用 VRayMtl 制作地板材质/案例文件.max。

【视频教学位置】第 4 章/视频教学/课堂举例——用 VRayMtl 制作地板材质.flv。

【操作步骤】

（1）打开光盘中的"第 4 章/素材文件/课堂举例——用 VRayMtl 制作地板材质.max"文件，如图 4-146 所示。

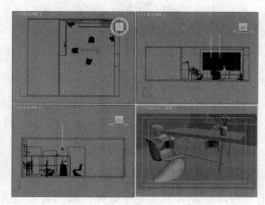

图 4-146

（2）选择一个空白材质球，然后设置材质类型为 VRay 材质，接着将其命名为"地板"，具体参数设置如图 4-147 所示，制作好的材质球效果如图 4-148 所示。

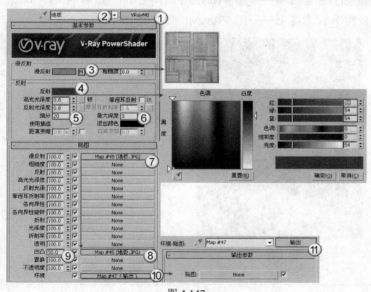

图 4-147

图 4-148

① 在"漫反射"贴图通道中加载一张光盘中的"地板.jpg"文件。

② 设置"反射"颜色为（红:54，绿:54，蓝:54），然后设置"高光光泽度"为 0.8、"反射光泽度"为 0.8、"细分"为 20、"最大深度"为 3。

③ 展开"贴图"卷展栏，然后将"漫反射"贴图通道中的"地板"贴图文件拖曳到"凹凸"贴图通道中，接着设置"凹凸"数值为 50，最后在"环境"贴图通道中加载一张"输出"程序贴图。

技巧与提示

"反射光泽度"这个值表示材质的光泽度大小。当"反射光泽度"的值为 0 时意味着得到非常模糊的反射效果；当"反射光泽度"的值为 1.0 时将关掉光泽度(VRay 将产生非常明显的完全反射)。

（3）将制作好的材质赋予场景中的模型，然后按 F9 键渲染当前场景，最终效果如图 4-149 所示。

图 4-149

【课堂练习】——用 VRayMtl 制作毛巾材质

【案例学习目标】使用 VRayMtl 制作真实毛巾效果，案例效果如图 4-150 所示。

【案例知识要点】学习 VRayMtl 的用法。

【素材文件位置】第 4 章/素材文件/课堂练习——用 VRayMtl 制作毛巾材质.max。

【案例文件位置】第 4 章/案例文件/课堂练习——用 VRayMtl 制作毛巾材质/案例文件.max。

【视频教学位置】第 4 章/视频教学/课堂练习——用 VRayMtl 制作毛巾材质.flv。

图 4-150

4.5 本章小结

本章主要讲解了常用材质与贴图的使用方法，虽然 3ds Max 和 VRay 有很多材质与贴图，但是有重要与次要之分。对于材质类型，大家务必要掌握"标准"材质和 VRayMtl 材质的使用方法；对于贴图类型，大家务必要掌握"不透明度"贴图、位图贴图和"衰减"程序贴图的使用方法。这些都是在实际制作中最常用的。

【课后练习1】——用 VRayMtl 制作玻璃材质

【案例学习目标】使用 VRayMtl 制作透明玻璃材质，案例效果如图 4-151 所示。

【案例知识要点】学习 VRayMtl 的用法。

【素材文件位置】第 4 章/素材文件/课后练习 1——用 VRayMtl 制作玻璃材质.max。

【案例文件位置】第 4 章/案例文件/课后练习 1——用 VRayMtl 制作玻璃材质/案例文件.max。

【视频教学位置】第 4 章/视频教学/课后练习 1——用 VRayMtl 制作玻璃材质.flv。

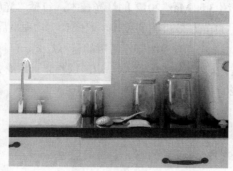

图 4-151

【课后练习2】——用平铺贴图制作地面材质

【案例学习目标】使用"平铺"程序贴图制作地砖材质效果，案例效果如图 4-152 所示。

【案例知识要点】学习"平铺"程序贴图的用法。

【素材文件位置】第 4 章/素材文件/课后练习 2——用平铺贴图制作地面材质.max。

【案例文件位置】第 4 章/案例文件/课后练习 2——用平铺贴图制作地面材质/案例文件.max。

【视频教学位置】第 4 章/视频教学/课后练习 2——用平铺贴图制作地面材质.flv。

图 4-152

第5章
灯光与摄影机

本章介绍 3ds Max 2012 的灯光技术，包括"光度学"灯光、"标准"灯光和 VRay 灯光，灯光是效果图的灵魂，就像真实物理世界一样，没有灯光照明就会漆黑一片。在本章中，效果图制作常用的目标灯光、目标聚光灯、目标平行光、VRay 光源和 VRay 太阳等都会有详细介绍，这都是大家必须要掌握的内容。

课堂学习目标
- 了解灯光的作用
- 掌握常用灯光的用法及参数设置
- 掌握室内场景的布光思路及技法

5.1　初识灯光

没有灯光的世界将是一片黑暗，在三维场景中也是一样，即使有精美的模型、真实的材质以及完美的动画，如果没有灯光照射也毫无作用，由此可见灯光在三维表现中的重要性。自然界中存着各种形形色色的光，比如耀眼的日光、微弱的烛光以及绚丽的烟花发出来的光等，如图 5-1 所示。

图 5-1

5.1.1　灯光的功能

有光才有影，才能让物体呈现出三维立体感，不同的灯光效果营造的视觉感受也不一样。灯光是视觉画面的一部分，其功能主要有以下 3 点。

第 1 点：提供一个完整的整体氛围，展现出具象实体，营造空间的氛围。

第 2 点：为画面着色，以塑造空间和形式。

第 3 点：可以让人们集中注意力。

5.1.2　3ds Max 中的灯光

利用 3ds Max 中的灯光可以模拟出真实的"照片级"画面，图 5-2 是两张利用 3ds Max 制作的室内外效果图。

图 5-2

在"创建"面板中单击"灯光"按钮 ◁，在其下拉列表中可以选择灯光的类型。3ds Max 2012 包含 3 种灯光类型，分别是"光度学"灯光、"标准"灯光和 VRay 灯光（前提是安装了 VRay 渲染器），如图 5-3、图 5-4 和图 5-5 所示。

图 5-3   图 5-4   图 5-5

技巧与提示

若没有安装 VRay 渲染器，系统默认的只有"光度学"灯光和"标准"灯光。

5.2 光度学灯光

"光度学"灯光是系统默认的灯光，共有 3 种类型，分别是"目标灯光"、"自由灯光"和"mr Sky 门户"。

5.2.1 目标灯光

目标灯光带有一个目标点，用于指向被照明物体，如图 5-6 所示。目标灯光主要用来模拟现实中的筒灯、射灯和壁灯等，其默认参数包含 10 个卷展栏，如图 5-7 所示。

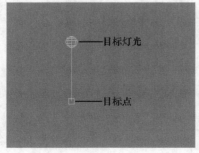

图 5-6

图 5-7

下面主要针对目标灯光的一些常用参数进行讲解。

1. 常规参数卷展栏

展开"常规参数"卷展栏，如图 5-8 所示。

【参数详解】

① 灯光属性组。

- 启用：控制是否开启灯光。
- 目标：启用该选项后，目标灯光才有目标点；如果禁用该选项，目标灯光没有目标点，将变成自由灯光，如图 5-9 所示。

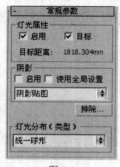

图 5-8

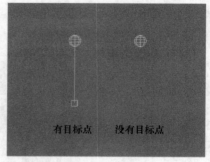

有目标点　　没有目标点

图 5-9

技巧与提示

目标灯光的目标点并不是固定的，可以对它进行移动、旋转等操作。

- 目标距离：用来显示目标的距离。

② 阴影组。

- 启用：控制是否开启灯光的阴影效果。
- 使用全局设置：如果启用该选项后，该灯光投射的阴影将影响整个场景的阴影效果；如果关闭该选项，则必须选择渲染器使用哪种方式来生成特定的灯光阴影。
- 阴影贴图列表：设置渲染器渲染场景时使用的阴影类型，包括"高级光线跟踪"、"mental ray 阴影贴图"、"区域阴影"、"阴影贴图"、"光线跟踪阴影"、"VRayShadow（VRay 阴影）"和"VRay 阴影贴图"7 种类型，如图 5-10 所示。
- 排除 排除...：将选定的对象排除于灯光效果之外。单击该按钮可以打开"排除/包含"对话框，如图 5-11 所示。

图 5-10

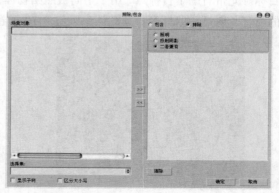

图 5-11

③ 灯光分布（类型）组。

- 灯光分布类型列表：设置灯光的分布类型，包含"光度学 Web"、"聚光灯"、"统一漫反射"和"统一球形"4 种类型。

2. 强度/颜色/衰减卷展栏

展开"强度/颜色/衰减"卷展栏，如图 5-12 所示。

图 5-12

【参数详解】

① 颜色组。

- 灯光：挑选公用灯光，以近似灯光的光谱特征。
- 开尔文：通过调整色温微调器来设置灯光的颜色。
- 过滤颜色：使用颜色过滤器来模拟置于光源上的过滤色效果。

② 强度组。

- lm（流明）：测量整个灯光（光通量）的输出功率。100 瓦的通用灯泡约有 1750 lm 的光通量。
- cd（坎德拉）：用于测量灯光的最大发光强度，通常沿着瞄准发射。100 瓦通用灯泡的发光强度约为 139 cd。
- lx（lux）：测量由灯光引起的照度，该灯光以一定距离照射在曲面上，并面向光源的方向。

③ 暗淡组。

- 结果强度：用于显示暗淡所产生的强度。
- 暗淡百分比：启用该选项后，该值会指定用于降低灯光强度的"倍增"。
- 光线暗淡时白炽灯颜色会切换：启用该选项之后，灯光可以在暗淡时通过产生更多的黄色来模拟白炽灯。

④ 远距衰减组。

- 使用：启用灯光的远距衰减。
- 显示：在视口中显示远距衰减的范围设置。
- 开始：设置灯光开始淡出的距离。
- 结束：设置灯光减为 0 时的距离。

3. 图形/区域阴影卷展栏

展开"图形/区域阴影"卷展栏，如图 5-13 所示。

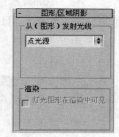

图 5-13

【参数详解】

- 从（图形）发射光线：选择阴影生成的图形类型，包括"点光源"、"线"、"矩形"、"圆形"、"球体"和"圆柱体"6 种类型。
- 灯光图形在渲染中可见：启用该选项后，如果灯光对象位于视野之内，那么灯光图形在渲染中会显示为自供照明（发光）的图形。

4. 阴影参数卷展栏

展开"阴影参数"卷展栏卷展栏，如图 5-14 所示。

【参数详解】

① 对象阴影组。

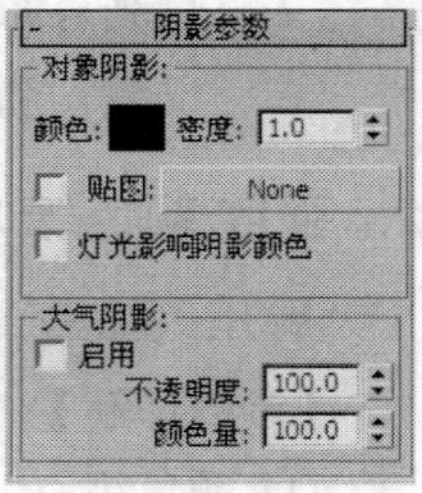

- 颜色：设置灯光阴影的颜色，默认为黑色。
- 密度：调整阴影的密度。
- 贴图：启用该选项，可以使用贴图来作为灯光的阴影。
- None（无） None ：单击该按钮可以选择贴图作为灯光的阴影。
- 灯光影响阴影颜色：启用该选项后，可以将灯光颜色与阴影颜色（如果阴影已设置贴图）混合起来。

② 大气阴影组。

- 启用：启用该选项后，大气效果如灯光穿过它们一样投影阴影。
- 不透明度：调整阴影的不透明度百分比。
- 颜色量：调整大气颜色与阴影颜色混合的量。

图 5-14

5. 阴影贴图参数卷展栏

展开"阴影贴图参数"卷展栏，如图 5-15 所示。

【参数详解】

- 偏移：将阴影移向或移离投射阴影的对象。
- 大小：设置用于计算灯光的阴影贴图的大小。
- 采样范围：决定阴影内平均有多少个区域。
- 绝对贴图偏移：启用该选项后，阴影贴图的偏移是不标准化的，但是该偏移在固定比例的基础上会以 3ds Max 为单位来表示。
- 双面阴影：启用该选项后，计算阴影时物体的背面也将产生阴影。

图 5-15

技巧与提示

注意，这个卷展栏的名称由"常规参数"卷展栏下的阴影类型来决定，不同的阴影类型具有不同的阴影卷展栏以及不同的参数选项。

6. 大气和效果卷展栏

展开"大气和效果"卷展栏，如图 5-16 所示。

【参数详解】

- 添加 添加 ：单击该按钮可以打开"添加大气或效果"对话框，如图 5-17 所示。在该对话框可以将大气或渲染效果添加到灯光中。

图 5-16

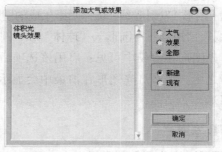

图 5-17

- 删除 删除：添加大气或效果以后，在大气或效果列表中选择大气或效果，然后单击该按钮可以将其删除。
- 大气或效果列表：显示添加的大气或效果，如图 5-18 所示。
- 设置 设置：在大气或效果列表中选择大气或效果以后，单击该按钮可以打开"环境和效果"对话框。在该对话框中可以对大气或效果参数进行更多的设置。

图 5-18

5.2.2 自由灯光

自由灯光没有目标点，常用来模拟发光球、台灯等。自由灯光的参数与目标灯光的参数完全一样，如图 5-19 所示。

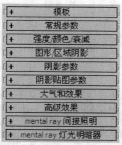

图 5-19

5.2.3 mr Sky 门户

mr Sky 门户是 mental ray 的一种灯光类型，与 VRay 光源比较相似，不过 mr Sky 门户灯光必须配合天光才能使用，其参数设置面板如图 5-20 所示。

图 5-20

技巧与提示

mr Sky 门户灯光在实际工作中使用很少，因此这里不对其进行讲解。

【课堂举例】——用目标灯光制作壁灯

【案例学习目标】学习如何用目标灯光模拟壁灯照明，案例效果如图 5-21 所示。

【案例知识要点】目标灯光的使用方法。

【案例文件位置】第 5 章/案例文件/课堂举例——用目标灯光制作壁灯/案例文件.max。

【视频教学位置】第 5 章/视频教学/课堂举例——用目标灯光制作壁灯.flv。

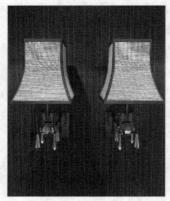

图 5-21

【操作步骤】

（1）打开光盘中的"第 5 章/素材文件/课堂举例——用目标灯光制作壁灯.max"文件，如图 5-22 所示。

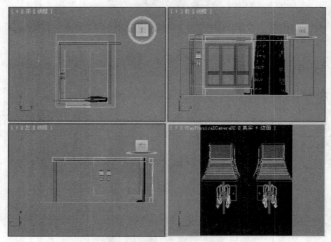

图 5-22

（2）设置灯光类型为"光度学"，然后在左视图中创建一盏目标灯光，其位置如图 5-23 所示。

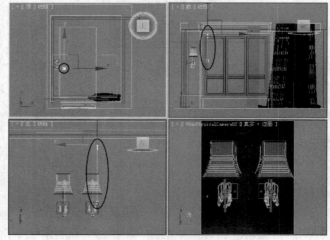

图 5-23

（3）选择上一步创建的目标灯光，然后进入"修改"面板，具体参数设置如图 5-24 所示。

设置步骤

① 展开"常规参数"卷展栏，然后在"阴影"选项组下勾选"启用"选项，接着设置阴影类型为 VRayShadow（VRay 阴影），最后设置"灯光分布（类型）"为"光度学 Web"。

② 展开"分布（光度学 Web）"卷展栏，然后在其通道中加载一个光盘中的"2.IES"文件。

③ 展开"强度/颜色/衰减"卷展栏，然后设置"过滤颜色"（红：254，绿：203，蓝：136），接着设置"强度"为 2700。

④ 展开 VRayShadows params（VRay 阴影参数）卷展栏，然后设置"U 向尺寸"、"V 向尺寸"和"W 向尺寸"为 7.874mm。

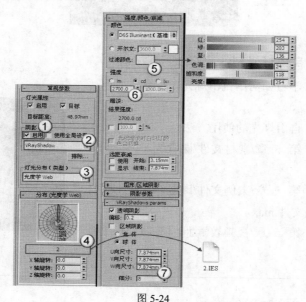

图 5-24

（4）使用"选择并移动"工具 ⊹ 选择目标灯光，然后按照 Shift 键移动复制一盏灯光到图 5-25 所示的位置。

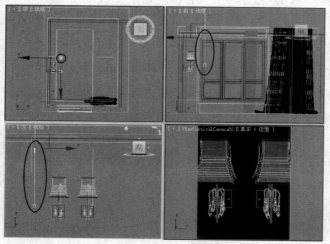

图 5-25

（5）按 C 键切换到摄影机视图，然后按 F9 键渲染当前场景，最终效果如图 5-26 所示。

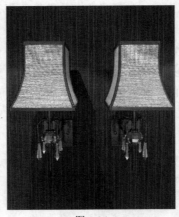

图 5-26

【课堂练习】——用自由灯光制作台灯

【案例学习目标】学习如何用自由灯光模拟台灯照明，案例效果如图 5-27 所示。

【案例知识要点】自由灯光的使用方法。

【素材文件位置】第 5 章/素材文件/课堂练习——用自由灯光制作台灯.max。

【案例文件位置】第 5 章/案例文件/课堂练习——用自由灯光制作台灯/案例文件.max。

【视频教学位置】第 5 章/视频教学/课堂练习——用自由灯光制作台灯.flv。

图 5-27

5.3 标准灯光

"标准"灯光包括 8 种类型，分别是"目标聚光灯"、"Free Spot（自由聚光灯）"、"目标平行光"、"自由平行光"、"泛光灯"、"天光"、"mr 区域泛光灯"和"mr 区域聚光灯"。

5.3.1 目标聚光灯

目标聚光灯可以产生一个锥形的照射区域，区域以外的对象不会受到灯光的影响，主要用来模拟吊灯、手电筒等发出的灯光。目标聚光灯由透射点和目标点组成，其方向性非常好，对阴影的塑造能力也很强，如图 5-28 所示，其参数设置面板如图 5-29 所示。

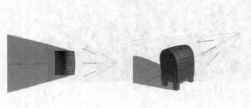

图 5-28

图 5-29

1. 常规参数卷展栏

展开"常规参数"卷展栏，如图 5-30 所示。

【参数详解】

① 灯光类型组。

◢ 启用：控制是否开启灯光。

◢ 灯光类型列表：选择灯光的类型，包含"聚光灯"、"平行光"和"泛光灯"3 种类型，如图 5-31 所示。

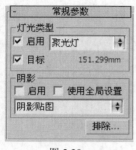

图 5-30

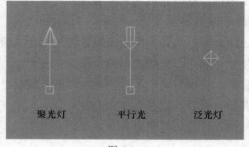

图 5-31

在切换灯光类型时，可以从视图中很直接地观察到灯光外观的变化。但是切换灯光类型后，场景中的灯光就会变成当前选择的灯光。

◢ 目标：如果启用该选项后，灯光将成为目标聚光灯；如果关闭该选项，灯光将变成自由聚光灯。

② 阴影组。

◢ 启用：控制是否开启灯光阴影。

◢ 使用全局设置：如果启用该选项，该灯光投射的阴影将影响整个场景的阴影效果；如果关闭该选项，则必须选择渲染器使用哪种方式来生成特定的灯光阴影。

◢ 阴影贴图：切换阴影的类型来得到不同的阴影效果。

◢ 排除 ：将选定的对象排除于灯光效果之外。

2. 强度/颜色/衰减卷展栏

展开"强度/颜色/衰减"卷展栏，如图 5-32 所示。

【参数详解】

① 倍增组。

◢ 倍增：控制灯光的强弱程度。

◢ 颜色：用来设置灯光的颜色。

② 衰退组。

◢ 类型：指定灯光的衰退方式。"无"为不衰退；"倒数"为反向衰退；"平方反比"是以平方反比的方式进行衰退。

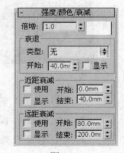

图 5-32

如果"平方反比"衰退方式使场景太暗，可以按大键盘上的 8 键打开"环境和效果"对话框，然后在"全局照明"选项组下适当加大"级别"值来提高场景亮度。

    ◢ 开始：设置灯光开始衰退的距离。

    ◢ 显示：在视口中显示灯光衰退的效果。

③ 近距衰减组。

    ◢ 近距衰减：该选项组用来设置灯光近距离衰退的参数。

    ◢ 使用：启用灯光近距离衰退。

    ◢ 显示：在视口中显示近距离衰退的范围。

    ◢ 开始：设置灯光开始淡出的距离。

    ◢ 结束：设置灯光达到衰退最远处的距离。

④ 远距衰减组。

    ◢ 远距衰减：该选项组用来设置灯光远距离衰退的参数。

    ◢ 使用：启用灯光的远距离衰退。

    ◢ 显示：在视口中显示远距离衰退的范围。

    ◢ 开始：设置灯光开始淡出的距离。

    ◢ 结束：设置灯光衰退为 0 的距离。

3. 聚光灯参数卷展栏

展开"聚光灯参数"卷展栏，如图 5-33 所示。

【参数详解】

图 5-33

    ◢ 显示光锥：控制是否在视图中开启聚光灯的圆锥显示效果，如图 5-34 所示。

    ◢ 泛光化：开启该选项时，灯光将在各个方向投射光线。

    ◢ 聚光区/光束：用来调整灯光圆锥体的角度。

    ◢ 衰减区/区域：设置灯光衰减区的角度，图 5-35 是不同"聚光区/光束"和"衰减区/区域"的光锥对比。

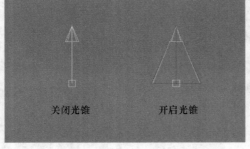

图 5-34

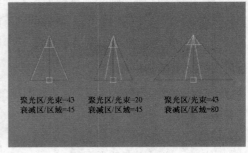

图 5-35

    ◢ 圆/矩形：选择聚光区和衰减区的形状。

    ◢ 纵横比：设置矩形光束的纵横比。

    ◢ 位图拟合 位图拟合 ：如果灯光的投影纵横比为矩形，应设置纵横比以匹配特定的位图。

4. 高级效果卷展栏

展开"高级效果"卷展栏，如图 5-36 所示。

【参数详解】

① 影响曲面。

- 对比度：调整漫反射区域和环境光区域的对比度。
- 柔化漫反射边：增加该选项的数值可以柔化曲面的漫反射区域和环境光区域的边缘。
- 漫反射：开启该选项后，灯光将影响曲面的漫反射属性。
- 高光反射：开启该选项后，灯光将影响曲面的高光属性。
- 仅环境光：开启该选项后，灯光仅仅影响照明的环境光。

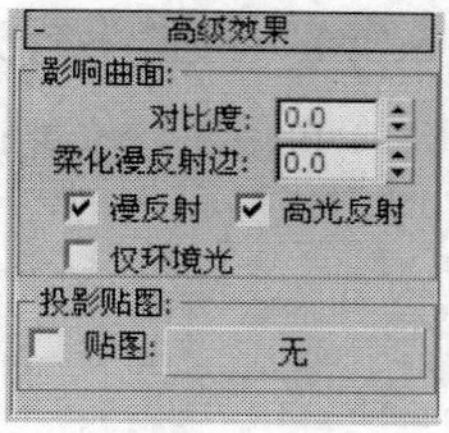

② 投影贴图。

- 贴图：为投影加载贴图。
- 无⬛⬛⬛无⬛⬛⬛：单击该按钮可以为投影加载贴图。

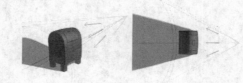

图 5-36

5.3.2　自由聚光灯

自由聚光灯与目标聚光灯的参数基本一致，只是它无法对发射点和目标点分别进行调节，如图 5-37 所示。自由聚光灯特别适合用来模拟一些动画灯光，比如舞台上的射灯。

图 5-37

5.3.3　目标平行光

目标平行光可以产生一个照射区域，主要用来模拟自然光线的照射效果，如图 5-38 所示。如果将目标平行光作为体积光来使用的话，那么可以用它模拟出激光束等效果。

图 5-38

技巧与提示

虽然目标平行光可以用来模拟太阳光，但是它与目标聚光灯的灯光类型却不相同。目标聚光灯的灯光类型是聚光灯，而目标平行光的灯光类型是平行光，从外形上看，目标聚光灯更像锥形，而目标平行光更像筒形，如图 5-39 所示。

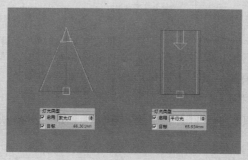

图 5-39

5.3.4 自由平行光

自由平行光能产生一个平行的照射区域，常用来模拟太阳光，如图 5-40 所示。

图 5-40

技巧与提示

自由平行光和自由聚光灯一样，没有目标点，当勾选"目标"选项时，自由平行光会自动变成目标平行光，如图 5-41 所示。因此这两种灯光之间是相互关联的。

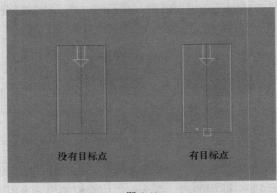

没有目标点　　　　　有目标点

图 5-41

5.3.5 泛光灯

泛光灯可以向周围发散光线，其光线可以到达场景中无限远的地方，如图 5-42 所示。泛光灯比较容易创建和调节，能够均匀地照射场景，但是在一个场景中如果使用太多泛光灯可能会导致场景明暗层次变暗，缺乏对比。

图 5-42

5.3.6 天光

天光主要用来模拟天空光，以穹顶方式发光，如图 5-43 所示。天光不是基于物理学，可以用于所有需要基于物理数值的场景。天光可以作为场景唯一的光源，也可以与其他灯光配合使用，实现高光和投射锐边阴影。

天光的参数比较少，只有一个"天光参数"卷展栏，如图 5-44 所示。

【参数详解】

◢ 启用：控制是否开启天光。

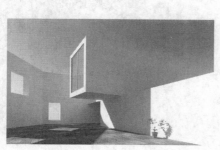

图 5-43

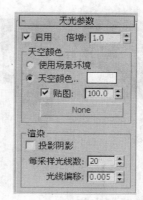

图 5-44

- 倍增：控制天光的强弱程度。
- 使用场景环境：使用"环境与特效"对话框中设置的"环境光"颜色作为天光颜色。
- 天空颜色：设置天光的颜色。
- 贴图：指定贴图来影响天光的颜色。
- 投影阴影：控制天光是否投射阴影。
- 每采样光线数：计算落在场景中每个点的光子数目。
- 光线偏移：设置光线产生的偏移距离。

5.3.7　mr 区域泛光灯

使用 mental ray 渲染器渲染场景时，mr 区域泛光灯可以从球体或圆柱体区域发射光线，而不是从点发射光线。如果使用的是默认扫描线渲染器，mr 区域泛光灯会像泛光灯一样发射光线。

mr 区域泛光灯相对于泛光灯的渲染速度要慢一些，它与泛光灯的参数基本相同，只是在 mr 区域泛光灯增加了一个"区域灯光参数"卷展栏，如图 5-45 所示。

图 5-45

【参数详解】

- 启用：控制是否开启区域灯光。
- 在渲染器中显示图标：启用该选项后，mental ray 渲染器将渲染灯光位置的的黑色形状。
- 类型：指定区域灯光的形状。球形体积灯光一般采用"球体"类型，而圆柱形体积灯光一般采用"圆柱体"类型。
- 半径：设置球体或圆柱体的半径。
- 高度：设置圆柱体的高度，只有区域灯光为"圆柱体"类型时才可用。
- 采样 U/V：设置区域灯光投射阴影的质量。

技巧与提示

对于球形灯光，U 向将沿着半径来指定细分数，而 V 向将指定角度的细分数；对于圆柱形灯光，U 向将沿高度来指定采样细分数，而 V 向将指定角度的细分数，图 5-46 和图 5-47 所示是 U、V 值分别为 5 和 30 时的阴影效果。从这两张图中可以明显地观察出 U、V 值越大，阴影效果就越精细。

图 5-46   图 5-47

5.3.8　mr 区域聚光灯

使用 mental ray 渲染器渲染场景时，mr 区域聚光灯可以从矩形或蝶形区域发射光线，而不是从点发射光线。如果使用的是默认扫描线渲染器，mr 区域聚光灯会像其他默认聚光灯一样发射光线。

mr 区域聚光灯和 mr 区域泛光灯的参数很相似，只是 mr 区域聚光灯的灯光类型为"聚光灯"，因此它增加了一个"聚光灯参数"卷展栏，如图 5-48 所示。

图 5-48

【课堂举例】——用目标平行光制作阴影场景

【案例学习目标】学习如何用目标平行光制作物体的阴影，案例效果如图 5-49 所示。

【案例知识要点】目标平行光的用法。

【案例文件位置】第 5 章/案例文件/课堂举例——用目标平行光制作阴影场景/案例文件.max。

【视频教学位置】第 5 章/视频教学/课堂举例——用目标平行光制作阴影场景.flv。

【操作步骤】

（1）打开光盘中的"第 5 章/素材文件/课堂举例——用目标平行光制作阴影场景.max"文件，如图 5-50 所示。

图 5-49

图 5-50

（2）设置灯光类型为"标准"，然后在场景中创建一盏目标平行光，其位置如图 5-51 所示。

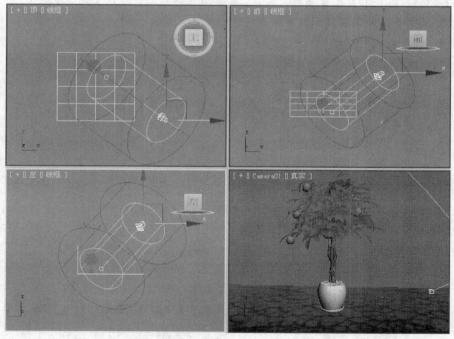

图 5-51

（3）选择上一步创建的目标平行光，然后进入"修改"面板，具体参数设置如图 5-52 所示。

设置步骤

① 展开"常规参数"卷展栏，然后在"阴影"选项组下勾选"启用"选项，接着设置阴影类型为"阴影贴图"。

② 展开"强度/颜色/衰减"卷展栏，然后设置"倍增"为 4。

③ 展开"平行光参数"卷展栏，然后设置"聚光区/光束"为 300mm、"衰减区/区域"为 600mm。

④ 展开"阴影参数"卷展栏，然后在"贴图"通道中加载光盘中的"阴影贴图.jpg"文件。

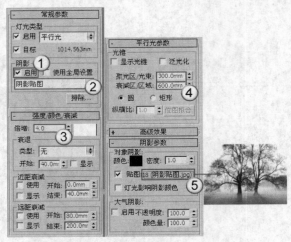

图 5-52

知识点——加载位图贴图

在制作材质或在制作某些效果时，经常需要加载位图贴图，在这里就以步骤（3）中加载的"阴影贴图.jpg"为例来讲解其加载方法。

第 1 步：在"贴图"选项后面单击"无"按钮 ___无___，打开"材质/贴图浏览器"对话框，然后双击"位图"选项，如图 5-53 所示。

第 2 步：在弹出的"选择位图图像文件"对话框中选择想要加载的贴图，然后单击"打开"按钮 打开(O)，如图 5-54 所示。

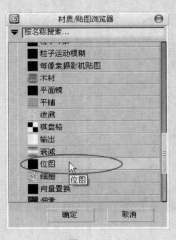

图 5-53

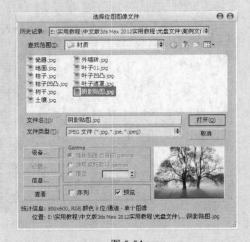

图 5-54

另外注意一点，阴影贴图需要在 Photoshop 及其他的后期软件中进行模糊处理，这样在渲染时阴影边缘才会产生虚化效果。

（4）按 C 键切换到摄影机视图，然后按 F9 键渲染当前场景，最终效果如图 5-55 所示。

图 5-55

【课堂练习】——用泛光灯制作烛光

　　【案例学习目标】学习如何使用泛光灯模拟烛光效果，案例效果如图 5-56 所示。

　　【案例知识要点】泛光灯的使用方法。

　　【素材文件位置】第 5 章/素材文件/课堂练习——用泛光灯制作烛光.max。

　　【案例文件位置】第 5 章/案例文件/课堂练习——用泛光灯制作烛光/案例文件.max。

　　【视频教学位置】第 5 章/视频教学/课堂练习——用泛光灯制作烛光.flv。

图 5-56

5.4 VRay 灯光

　　安装好 VRay 渲染器后，在"灯光"创建面板中就可以选择 VRay 光源。VRay 灯光包含 4 种类型，分别是"VRay 光源"、"VRayIES"、"VRay 环境光"和"VRay 太阳"，如图 5-57 所示。

图 5-57

> **技巧与提示**
>
> 　　本节将着重讲解 VRay 光源和 VRay 太阳，其他灯光在实际工作中一般都不会用到。

5.4.1 VRay 光源

VRay 光源主要用来模拟室内光源，是效果图制作中使用频率最高的一种灯光，其参数设置面板如图 5-58 所示。

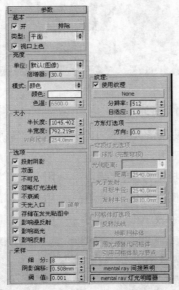

图 5-58

【参数详解】

① 基本组。

⊿ 开：控制是否开启 VRay 光源。

⊿ 排除 排除 ：用来排除灯光对物体的影响。

⊿ 类型：设置 VRay 光源的类型，共有"平面"、"穹顶"、"球体"和"网格体"4 种类型，如图 5-59 所示。

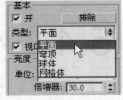

● 平面：将 VRay 光源设置成平面形状。

● 穹顶：将 VRay 光源设置成边界盒形状。

● 球体：将 VRay 光源设置成穹顶状，类似于 3ds Max 的天光，光线来自于位于光源 z 轴的半球体状圆顶。

图 5-59

● 网格体：这种灯光是一种以网格为基础的灯光。

技巧与提示

"平面"、"穹顶"、"球体"和"网格体"灯光的形状各不相同，因此它们可以运用在不同的场景中，如图 5-60 所示。

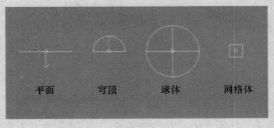

图 5-60

② 亮度组。

⊿ 单位：指定 VRay 光源的发光单位，共有 "默认（图像）"、"光通量（lm）"、"发光强度（lm/ m2/sr）"、"辐射量（W）" 和 "辐射强度（W/m2/sr）" 5 种。

• 默认（图像）：VRay 默认单位，依靠灯光的颜色和亮度来控制灯光的最后强弱，如果忽略曝光类型的因素，灯光色彩将是物体表面受光的最终色彩。

• 光通量（lm）：当选择这个单位时，灯光的亮度将和灯光的大小无关（100W 的亮度大约等于 1500lm）。

• 发光强度（lm/ m2/sr）：当选择这个单位时，灯光的亮度和它的大小有关系。

• 辐射量（W）：当选择这个单位时，灯光的亮度和灯光的大小无关。注意，这里的瓦特和物理上的瓦特不一样，比如这里的 100W 大约等于物理上的 2~3 瓦特。

• 辐射强度（W/m2/sr）：当选择这个单位时，灯光的亮度和它的大小有关系。

⊿ 倍增器：设置 VRay 光源的强度。

⊿ 模式：设置 VRay 光源的颜色模式，共有 "颜色" 和 "色温" 两种。

⊿ 颜色：指定灯光的颜色。

⊿ 色温：以色温模式来设置 VRay 光源的颜色。

③ 大小组。

⊿ 半长度：设置灯光的长度。

⊿ 半宽度：设置灯光的宽度。

⊿ U/V/W 向尺寸：当前这个参数还没有被激活（即不能使用）。另外，这 3 个参数会随着 VRay 光源类型的改变而发生变化。

④ 选项组。

⊿ 投射阴影：控制是否对物体的光照产生阴影。

⊿ 双面：用来控制是否让灯光的双面都产生照明效果（当灯光类型设置为 "平面" 时有效，其他灯光类型无效），图 5-61 和图 5-62 所示分别为开启与关闭该选项时的灯光效果。

图 5-61   图 5-62

⊿ 不可见：这个选项用来控制最终渲染时是否显示 VRay 光源的形状，图 5-63 和图 5-64 分别是关闭与开启该选项时的灯光效果。

⊿ 忽略灯光法线：这个选项控制灯光的发射是否按照光源的法线进行发射，图 5-65 和图 5-66 所示分别为关闭与开启该选项时的灯光效果。

图 5-63

图 5-64

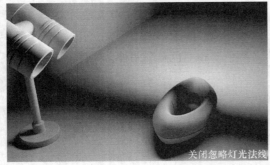
图 5-65

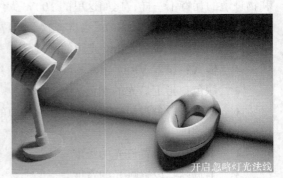
图 5-66

- 不衰减：在物理世界中，所有的光线都是有衰减的。如果勾选这个选项，VRay 将不计算灯光的衰减效果，图 5-67 和图 5-68 所示分别为关闭与开启该选项时的灯光效果。

图 5-67

图 5-68

技巧与提示

在真实世界中，光线亮度会随着距离的增大而不断变暗，也就是说远离光源的物体的表面会比靠近光源的物体表面更暗。

- 天光入口：这个选项是把 VRay 灯光转换为天光，这时的 VRay 光源就变成了"间接照明（GI）"，失去了直接照明。当勾选这个选项时，"投射影阴影"、"双面"、"不可见"等参数将不可用，这些参数将被 VRay 的天光参数所取代。

- 存储在发光贴图中：勾选这个选项，同时将"间接照明（GI）"里的"首次反弹"引擎设置为"发光贴图"时，VRay 光源的光照信息将保存在"发光贴图"中。在渲染光子的时候将变得更慢，但是在渲染出图时，渲染速度会提高很多。当渲染完光子的时候，可以关闭或删除这个 VRay 光源，它对最后的渲染效果没有影响，因为它的光照信息已经保存在了"发光贴图"中。

- 影响漫反射：这选项决定灯光是否影响物体材质属性的漫反射。
- 影响高光：这选项决定灯光是否影响物体材质属性的高光。
- 影响反射：勾选该选项时，灯光将对物体的反射区进行光照，物体可以将光源进行反射。

⑤ 采样组。

- 细分：这个参数控制 VRay 光源的采样细分。当设置比较低的值时，会增加阴影区域的杂点，但是渲染速度比较快，如图 5-69 所示；当设置比较高的值时，会减少阴影区域的杂点，但是会减慢渲染速度，如图 5-70 所示。

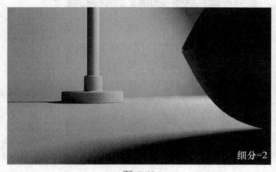

图 5-69   图 5-70

- 阴影偏移：这个参数用来控制物体与阴影的偏移距离，较高的值会使阴影向灯光的方向偏移。
- 阈值：设置采样的最小阈值。

⑥ 纹理组。

- 使用纹理：控制是否用纹理贴图作为半球光源。
- None（无）   None   ：选择纹理贴图。
- 分辨率：设置纹理贴图的分辨率，最高为 2048。
- 自适应：设置数值后，系统会自动调节纹理贴图的分辨率。

5.4.2 VRay 太阳

VRay 太阳主要用来模拟真实的室外太阳光。VRay 太阳的参数比较简单，只包含一个 VRay 太阳参数卷展栏，如图 5-71 所示。

【参数详解】

- 开启：阳光开关。
- 不可见：开启该选项后，在渲染的图像中将不会出现太阳的形状。
- 影响漫反射：该选项决定灯光是否影响物体材质属性的漫反射。
- 影响高光：该选项决定灯光是否影响物体材质属性的高光。
- 投射大气阴影：开启该选项以后，可以投射大气的阴影，以得

图 5-71

到更加真实的阳光效果。

- 混浊度：这个参数控制空气的混浊度，它影响 VRay 太阳和 VRay 天空的颜色。比较小的值表示晴朗干净的空气，此时 VRay 太阳和 VRay 天空的颜色比较蓝；较大的值表示灰尘含量重的空气（比如沙尘暴），此时 VRay 太阳和 VRay 天空的颜色呈现为黄色甚至橘黄色，如图 5-72、图 5-73、图 5-74 和图 5-75 分别为"混浊度"值为 2、3、5、10 时的阳光效果。

图 5-72

图 5-73

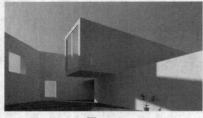
图 5-74

图 5-75

技巧与提示

当阳光穿过大气层时，一部分冷光被空气中的浮尘吸收，照射到大地上的光就会变暖。

- 臭氧：这个参数是指空气中臭氧的含量，较小的值的阳光比较黄，较大的值的阳光比较蓝，图 5-76、图 5-77 和图 5-78 分别是"臭氧"值为 0、0.5、1 时的阳光效果。

图 5-76

图 5-77

图 5-78

- 强度倍增：这个参数是指阳光的亮度，默认值为 1。

技巧与提示

"混浊度"和"强度倍增"是相互影响的，因为当空气中的浮尘多的时候，阳光的强度就会降低。"尺寸倍增"和"阴影细分"也是相互影响的，这主要是因为影子虚边越大，所需的细分就越多，也就是说"尺寸倍增"值越大，"阴影细分"的值就要适当增大，因为当影子为虚边阴影（面阴影）的时候，就会需要一定的细分值来增加阴影的采样，不然就会有很多杂点。

- 尺寸倍增：这个参数是指太阳的大小，它的作用主要表现在阴影的模糊程度上，较大的值可以使阳光阴影比较模糊。

- 阴影细分：这个参数是指阴影的细分，较大的值可以使模糊区域的阴影产生比较光滑的效果，并且没有杂点。
- 阴影偏移：用来控制物体与阴影的偏移距离，较高的值会使阴影向灯光的方向偏移。
- 光子发射半径：这个参数和"光子贴图"计算引擎有关。
- 天空模式：选择天空的模式，可以选晴天，也可以选阴天。
- 排除 ▢排除...▢：将物体排除于阳光照射范围之外。

5.4.3　VRay 天空

　　VRay 天空是 VRay 灯光系统中的一个非常重要的照明系统。VRay 没有真正的天光引擎，只能用环境光来代替。图 5-79 所示为在"环境贴图"通道中加载了一张"VRay 天空"环境贴图，这样就可以得到 VRay 的天光，再使用鼠标左键将"VRay 天空"环境贴图拖曳到一个空白的材质球上，调节 VRay 天空的相关参数。

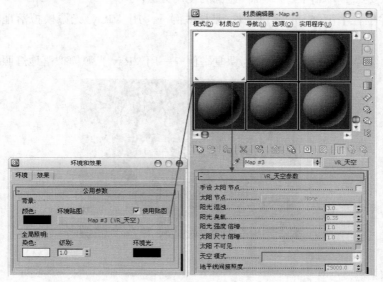

图 5-79

【参数详解】

- 手设太阳节点：当关闭该选项时，VRay 天空的参数将从场景中的 VRay 太阳的参数里自动匹配；当勾选该选项时，用户就可以从场景中选择不同的光源，在这种情况下，VRay 太阳将不再控制 VRay 天空的效果，VRay 天空将用它自身的参数来改变天光的效果。
- 太阳节点：单击后面的 None（无）按钮 ▢None▢ 可以选择太阳光源，这里除了可以选择 VRay 太阳之外，还可以选择其他的光源。
- 阳光混浊：与 VRay 太阳参数卷展栏下的"混浊度"选项的含义相同。
- 阳光臭氧：与 VRay 太阳参数卷展栏下的"臭氧"选项的含义相同。
- 阳光强度倍增：与 VRay 太阳参数卷展栏下的"强度倍增"选项的含义相同。
- 太阳尺寸倍增：与 VRay 太阳参数卷展栏下的"尺寸倍增"选项的含义相同。
- 太阳不可见：与 VRay 太阳参数卷展栏下的"不可见"选项的含义相同。
- 天空模式：与 VRay 太阳参数卷展栏下的"天空模式"选项的含义相同。

技巧与提示

　　其实 VRay 天空是 VRay 系统中一个程序贴图，主要用来作为环境贴图或作为天光来照亮场景。在创建 VRay 太阳时，3ds Max 会弹出图 5-80 所示的对话框，提示是否将"VRay 天空"环境贴图自动加载到环境中。

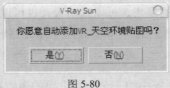

图 5-80

【课堂举例】——用 VRay 光源模拟落地灯照明

　　【案例学习目标】学习如何用 VRay 光源模拟落地灯照明效果，案例效果如图 5-81 所示。

　　【案例知识要点】VRay 的"平面"光源的使用方法。

　　【案例文件位置】第 5 章/案例文件/课堂举例——用 VRay 光源模拟落地灯照明/案例文件.max。

　　【视频教学位置】第 5 章/视频教学/课堂举例——用 VRay 光源模拟落地灯照明.flv。

图 5-81

【操作步骤】

　　（1）打开光盘中的"第 5 章/素材文件/课堂举例——用 VRay 光源模拟落地灯照明.max"文件，如图 5-82 所示。

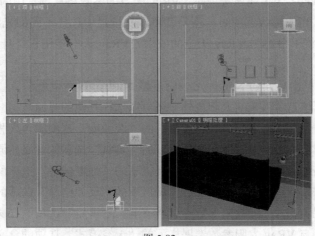

图 5-82

（2）设置"灯光"类型为 VRay，然后在落地灯的灯罩下方创建一盏 VRay 光源，其位置如图 5-83 所示。

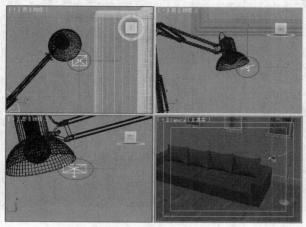

图 5-83

（3）选择上一步创建的 VRay 光源，然后进入"修改"面板，接着展开"参数"卷展栏，具体参数设置如图 5-84 所示。

设置步骤

① 在"基本"选项组下设置"类型"为"平面"。

② 在"亮度"选项组下设置"倍增器"为 5000，然后设置"颜色"为（红:189，绿:212，蓝:254）。

③ 在"大小"选项组下设置"半长度"为 30.034mm、"半宽度"为 21.625mm。

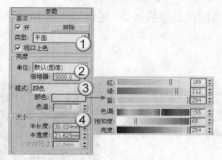

图 5-84

（4）按 F9 键测试渲染当前场景，效果如图 5-85 所示。

图 5-85

（5）继续在场景空间的中上部创建一盏 VRay 光源，其位置如图 5-86 所示。

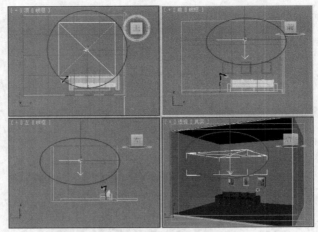

图 5-86

（6）选择上一步创建的 VRay 光源，然后进入"修改"面板，接着展开"参数"卷展栏，具体参数设置如图 5-87 所示。

设置步骤

① 在"基本"选项组下设置"类型"为"平面"。

② 在"亮度"选项组下设置"倍增器"为 2。

③ 设置"颜色"为（红:189，绿:212，蓝:254）。

④ 在"大小"选项组下设置"半长度"和"半宽度"为 1000mm。

⑤ 在"选项"选项组下勾选"不可见"选项。

（7）按 C 键切换到摄影机视图，然后按 F9 键渲染当前场景，最终效果如图 5-88 所示。

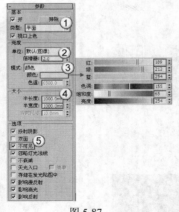

图 5-87

图 5-88

【课堂练习】——用 VRay 太阳模拟日光照射效果

【案例学习目标】学习如何用 VRay 太阳模拟日光照射效果，案例效果如图 5-89 所示。

【案例知识要点】VRay 太阳的使用方法。

【素材文件位置】第 5 章/素材文件/课堂练习——用 VRay 太阳模拟日光照射效果.max。

【案例文件位置】第 5 章/案例文件/课堂练习——用 VRay 太阳模拟日光照射效果/案例文件.max。

【视频教学位置】第 5 章/视频教学/课堂练习——用 VRay 太阳模拟日光照射效果.flv。

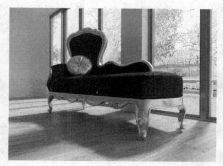

图 5-89

5.5 摄影机

3ds Max 中的摄影机在制作效果图和动画时非常有用。3ds Max 中的摄影机只包含"标准"摄影机,而"标准"摄影机又包含"目标摄影机"和"自由摄影机"两种,如图 5-90 所示。

安装好 VRay 渲染器后,摄影机列表中会增加一种 VRay 摄影机,而 VRay 摄影机又包含"VR_穹顶像机"和"VR_物理像机"两种,如图 5-91 所示。

图 5-90   图 5-91

技巧与提示

在实际工作中,使用频率最高的是目标摄影机和 VRay 物理像机,因此下面只讲解这两种摄影机。

5.5.1 目标摄影机

目标摄影机可以查看所放置的目标周围的区域,它比自由摄影机更容易定向,因为只需将目标对象定位在所需位置的中心即可。使用"目标"工具 目标 在场景中拖曳光标可以创建一台目标摄影机,可以观察到目标摄影机包含目标点和摄影机两个部件,如图 5-92 所示。

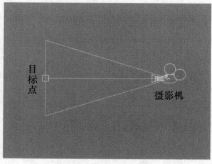

图 5-92

在默认情况下，目标摄影机的参数包含"参数"和"景深参数"两个卷展栏，如图 5-93 所示。当在"参数"卷展栏下设置"多过程效果"为"运动模糊"时，目标摄影机的参数就变成了"参数"和"运动模糊参数"两个卷展栏，如图 5-94 所示。

图 5-93

图 5-94

1. 参数卷展栏

展开"参数"卷展栏，如图 5-95 所示。

【参数详解】

① 基本组。

- 镜头：以 mm 为单位来设置摄影机的焦距。
- 视野：设置摄影机查看区域的宽度视野，有水平↔、垂直↕和对角线↗ 3 种方式。
- 正交投影：启用该选项后，摄影机视图为用户视图；关闭该选项后，摄影机视图为标准的透视图。
- 备用镜头：系统预置的摄影机焦距镜头包含 15mm、20mm、24mm、28mm、35mm、50mm、85mm、135mm 和 200mm。
- 类型：切换摄影机的类型，包含"目标摄影机"和"自由摄影机"两种。
- 显示圆锥体：显示摄影机视野定义的锥形光线（实际上是一个四棱锥）。锥形光线出现在其他视口，但是显示在摄影机视口中。
- 显示地平线：在摄影机视图中的地平线上显示一条深灰色的线条。

② 环境范围组。

- 显示：显示出在摄影机锥形光线内的矩形。
- 近距/远距范围：设置大气效果的近距范围和远距范围。

③ 剪切平面组。

- 手动剪切：启用该选项可定义剪切的平面。
- 近距/远距剪切：设置近距和远距平面。对于摄影机，比"近距剪切"平面近或比"远距剪切"平面远的对象是不可见的。

④ 多过程效果组。

- 启用：启用该选项后，可以预览渲染效果。

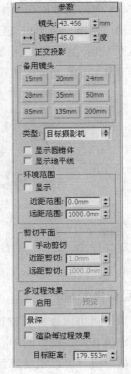

图 5-95

- 预览 预览：单击该按钮可以在活动摄影机视图中预览效果。
- 多过程效果类型：共有"景深（mental ray）"、"景深"和"运动模糊"3 个选项，系统默认为"景深"。
- 渲染每过程效果：启用该选项后，系统会将渲染效果应用于多重过滤效果的每个过程（景深或运动模糊）。

⑤ 目标距离组。

- 目标距离：当使用"目标摄影机"时，该选项用来设置摄影机与其目标之间的距离。

2. 景深参数卷展栏

景深是摄影机的一个非常重要的功能，在实际工作中的使用频率也非常高，常用于表现画面的中心点，如图 5-96 所示。

图 5-96

当设置"多过程效果"为"景深"时，系统会自动显示出"景深参数"卷展栏，如图 5-97 所示。

【参数详解】

① 焦点深度组。

- 使用目标距离：启用该选项后，系统会将摄影机的目标距离用作每个过程偏移摄影机的点。
- 焦点深度：当关闭"使用目标距离"选项时，该选项可以用来设置摄影机的偏移深度，其取值范围为 0～100。

② 采样组。

- 显示过程：启用该选项后，"渲染帧窗口"对话框中将显示多个渲染通道。

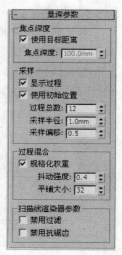

图 5-97

- 使用初始位置：启用该选项后，第 1 个渲染过程将位于摄影机的初始位置。
- 过程总数：设置生成景深效果的过程数。增大该值可以提高效果的真实度，但是会增加渲染时间。
- 采样半径：设置场景生成的模糊半径。数值越大，模糊效果越明显。
- 采样偏移：设置模糊靠近或远离"采样半径"的权重。增加该值将增加景深模糊的数量级，从而得到更均匀的景深效果。

③ 过程混合组。

- 规格化权重：启用该选项后可以将权重规格化，以获得平滑的结果；当关闭该选项后，效果会变得更加清晰，但颗粒效果也更明显。

　　◢ 抖动强度：设置应用于渲染通道的抖动程度。增大该值会增加抖动量，并且会生成颗粒状效果，尤其在对象的边缘上最为明显。

　　◢ 平铺大小：设置图案的大小。0 表示以最小的方式进行平铺；100 表示以最大的方式进行平铺。

④ 扫描线渲染器参数组。

　　◢ 禁用过滤：启用该选项后，系统将禁用过滤的整个过程。

　　◢ 禁用抗锯齿：启用该选项后，可以禁用抗锯齿功能。

知识点——景深形成原理解析

　　"景深"就是指拍摄主题前后所能在一张照片上成像的空间层次的深度。简单地说，景深就是聚焦清晰的焦点前后"可接受的清晰区域"，如图 5-98 所示。

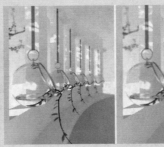

图 5-98

下面讲解景深形成的原理。

1. 焦点

与光轴平行的光线射入凸透镜时，理想的镜头应该是所有的光线聚集在一点后，再以锥状的形式扩散开，这个聚集所有光线的点就称为"焦点"，如图 5-99 所示。

2. 弥散圆

在焦点前后，光线开始聚集和扩散，点的影像会变得模糊，从而形成一个扩大的圆，这个圆就称为"弥散圆"，如图 5-100 所示。

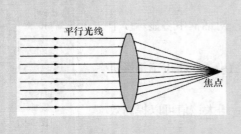

图 5-99　　　　　　　　　　　　　　　　　　图 5-100

　　每张照片都有主题和背景之分，景深和摄影机的距离、焦距和光圈之间存在着以下 3 种关系（这 3 种关系可以用图 5-101 来表示）。

第 1 种：光圈越大，景深越小；光圈越小，景深越大。

第 2 种：镜头焦距越长，景深越小；焦距越短，景深越大。

第 3 种：距离越远，景深越大；距离越近，景深越小。

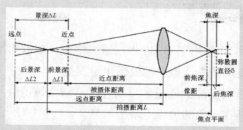

图 5-101

景深可以很好地突出主题，不同的景深参数下的效果也不相同，比如图 5-102 突出的是蜘蛛的头部，而图 5-103 突出的是蜘蛛和被捕食的螳螂。

图 5-102

图 5-103

3. 运动模糊参数卷展栏

运动模糊一般运用在动画中，常用于表现运动对象高速运动时产生的模糊效果，如图 5-104 所示。

图 5-104

当设置"多过程效果"为"运动模糊"时，系统会自动显示出"运动模糊参数"卷展栏，如图 5-105 所示。

【参数详解】

① 采样。

- 显示过程：启用该选项后，"渲染帧窗口"对话框中将显示多个渲染通道。

- 过程总数：设置生成效果的过程数。增大该值可以提高效果的真实度，但是会增加渲染时间。

- 持续时间（帧）：在制作动画时，该选项用来设置应用运动模糊的帧数。

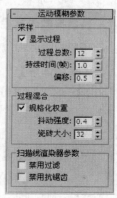

图 5-105

　　　　◢ 偏移：设置模糊的偏移距离。

② 过程混合。

　　　　◢ 规格化权重：启用该选项后，可以将权重规格化，以获得平滑的结果；当关闭该选项后，效果会变得更加清晰，但颗粒效果也更明显。

　　　　◢ 抖动强度：设置应用于渲染通道的抖动程度。增大该值会增加抖动量，并且会生成颗粒状的效果，尤其在对象的边缘上最为明显。

　　　　◢ 瓷砖大小：设置图案的大小。0 表示以最小的方式进行平铺；100 表示以最大的方式进行平铺。

③ 扫描线渲染器参数组。

　　　　◢ 禁用过滤：启用该选项后，系统将禁用过滤的整个过程。

　　　　◢ 禁用抗锯齿：启用该选项后，可以禁用抗锯齿功能。

5.5.2　VRay 物理像机

　　VRay 物理像机相当于一台真实的摄影机，有光圈、快门、曝光、ISO 等调节功能，它可以对场景进行"拍照"。使用"VRay 物理像机"工具 VR_物理像机 在视图中拖曳光标可以创建一台 VRay 物理像机，可以观察到 VRay 物理像机同样包含摄影机和目标点两个部件，如图 5-106 所示。

　　VRay 物理像机的参数包含 5 个卷展栏，如图 5-107 所示。

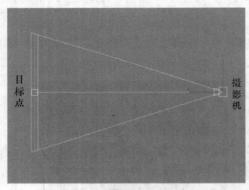

图 5-106

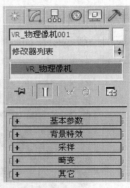

图 5-107

技巧与提示

　　下面只介绍"基本参数"、"背景特效"和"采样"3 个卷展栏下的参数。

1. 基本参数卷展栏

　　展开"基本参数"卷展栏，如图 5-108 所示。

【参数详解】

　　　　◢ 类型：设置摄影机的类型，包含"照像机"、"摄影机（电影）"和"摄像机（DV）"3 种类型。

　　　　• 照像机：用来模拟一台常规快门的静态画面照像机。

　　　　• 摄影机（电影）：用来模拟一台圆形快门的电影摄影机。

　　　　• 摄像机（DV）：用来模拟带 CCD 矩阵的快门摄像机。

　　　　◢ 目标型：当勾选该选项时，摄影机的目标点将放在焦平面上；当关闭该选项时，

可以通过下面的"目标距离"选项来控制摄影机到目标点的
位置。

◢ 片门大小（mm）：控制摄影机所看到的景色范围。值越大，看
到的景象就越多。

◢ 焦距（mm）：设置摄影机的焦长，同时也会影响到画面的感光
强度。较大的数值产生的效果类似于长焦效果，且感光材料（胶
片）会变暗，特别是在胶片的边缘区域；较小数值产生的效果
类似于广角效果，其透视感比较强，当然胶片也会变亮。

◢ 视域：启用该选项后，可以调整摄影机的可视区域。

◢ 缩放因数：控制摄影机视图的缩放。值越大，摄影机视图拉得
越近。

◢ 水平/垂直偏移：控制摄影机视图的水平和垂直方向上的偏
移量。

◢ 光圈系数：设置摄影机的光圈大小，主要用来控制渲染图像的
最终亮度。值越小，图像越亮；值越大，图像越暗。图 5-109、
图 5-110 和图 5-111 分别是"光圈"值为 10、11 和 14 的对比
渲染效果。注意，光圈和景深也有关系，大光圈的景深小，小
光圈的景深大。

图 5-108

图 5-109

图 5-110

图 5-111

- 目标距离：摄影机到目标点的距离，默认情况下是关闭的。当关闭摄影机的"目标型"选项时，就可以用"目标距离"来控制摄影机的目标点的距离。

- 垂直/水平纠正：制摄影机在垂直/水平方向上的变形，主要用于纠正三点透视到两点透视。

- 指定焦点：开启这个选项后，可以手动控制焦点。

- 曝光：当勾选这个选项后，VRay 物理像机中的"光圈系数"、"快门速度（s^-1）"和"感光速度（ISO）"设置才会起作用。

- 渐晕：模拟真实摄影机里的渐晕效果，图 5-112 和图 5-113 所示分别为勾选"渐晕"和关闭"渐晕"选项时的渲染效果。

图 5-112

图 5-113

⊿ 白平衡：和真实摄影机的功能一样，控制图像的色偏。例如在白天的效果中，设置一个桃色的白平衡颜色可以纠正阳光的颜色，从而得到正确的渲染颜色。

⊿ 快门速度（s^-1）：控制光的进光时间，值越小，进光时间越长，图像就越亮；值越大，进光时间就越小，图像就越暗。图 5-114、图 5-115 和图 5-116 所示分别为"快门速度（s^-1）"值为 35、50 和 100 时的对比渲染效果。

快门速度=35

图 5-114

快门速度=50

图 5-115

快门速度=100

图 5-116

⊿ 快门角度（度）：当摄影机选择"摄影机（电影）"类型的时候，该选项才被激活，其作用和上面的"快门速度（s^-1）"的作用一样，主要用来控制图像的明暗。

⊿ 快门偏移（度）：当摄影机选择"摄影机（电影）"类型的时候，该选项才被激活，主要用来控制快门角度的偏移。

◢ 延迟（秒）：当摄影机选择"摄像机（DV）"类型的时候，该选项才被激活，作用和上面的"快门速度（sˆ-1）"的作用一样，主要用来控制图像的亮暗，值越大，表示光越充足，图像也越亮。

◢ 感光速度（ISO）：控制图像的亮暗，值越大，表示 ISO 的感光系数越强，图像也越亮。一般白天效果比较适合用较小的 ISO，而晚上效果比较适合用较大的 ISO。图 5-117、图 5-118 和图 5-119 所示分别为"感光速度（ISO）"值为 80、120 和 160 时、渲染效果。

图 5-117

图 5-118

图 5-119

2. 背景特效卷展栏

"背景特效"卷展栏下的参数主要用于控制散景效果，如图 5-120 所示。当渲染景深的时候，或多或少都会产生一些散景效果，这主要和散景到摄影机的距离有关，图 5-121 所示为使用真实摄影机拍摄的散景效果。

图 5-120   图 5-121

【参数详解】

- 叶片数：控制散景产生的小圆圈的边，默认值为 5 表示散景的小圆圈为正五边形。如果关闭该选项，那么散景就是个圆形。

- 旋转（度）：散景小圆圈的旋转角度。

- 中心偏移：散景偏移源物体的距离。

- 各向异性：控制散景的各向异性，值越大，散景的小圆圈拉得越长，即变成椭圆。

3. 采样卷展栏

展开"采样"卷展栏，如图 5-122 所示。

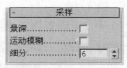

图 5-122

【参数详解】

- 景深：控制是否开启景深效果。当某一物体聚焦清晰时，从该物体前面的某一段距离到其后面的某一段距离内的所有景物都是相当清晰的。

- 运动模糊：控制是否开启运动模糊功能。这个功能只适用于具有运动对象的场景中，对静态场景不起作用。

- 细分：设置"景深"或"运动模糊"的"细分"采样。数值越高，效果越好，但是会增长渲染时间。

【课堂举例】——用目标摄影机制作花丛景深

【案例学习目标】学习如何用目标摄影机制作景深特效，案例效果如图 5-123 所示。

【案例知识要点】目标摄影机的用法。

【案例文件位置】第 5 章/案例文件/课堂举例——用目标摄影机制作花丛景深/案例文件.max。

【视频教学位置】第 5 章/视频教学/课堂举例——用目标摄影机制作花丛景深.flv。

图 5-123

【操作步骤】

（1）打开光盘中的"第 5 章/素材文件/课堂举例——用目标摄影机制作花丛景深.max"文件，如图 5-124 所示。

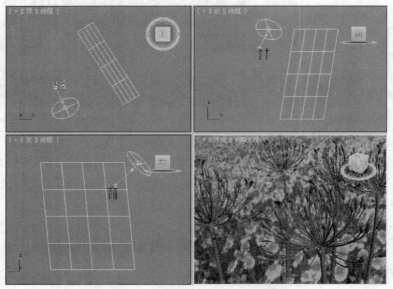

图 5-124

（2）设置摄影机类型为"标准"，然后在前视图中创建一台目标摄影机，使摄影机的查看方向对准鲜花，如图 5-125 所示。

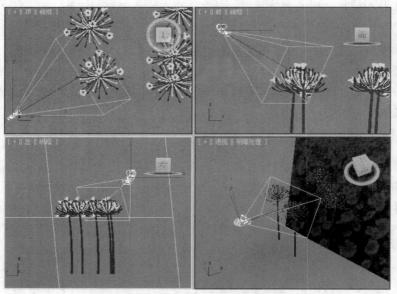

图 5-125

（3）选择目标摄影机，然后在"参数"卷展栏下设置"镜头"为 41.167mm、"视野"为 47.234°，接着设置"目标距离"为 67.852mm，具体参数设置如图 5-126 所示。

（4）在透视图中按 C 键切换到摄影机视图，如图 5-127 所示，然后按 F9 键测试渲染当前场景，效果如图 5-128 所示。

图 5-126　　　　　　　　　　　图 5-127　　　　　　　　　　　图 5-128

从图 5-127 中可以观察到，虽然创建了目标摄影机，但是并没有产生景深效果，这是因为还没有在渲染中开启景深的原因。

（5）按 F10 键打开"渲染设置"对话框，然后单击"VR_基项"选项卡，接着展开"像机"卷展栏，最后在"景深"选项组下勾选"启用"选项和"从相机获取"选项，如图 5-129 所示。

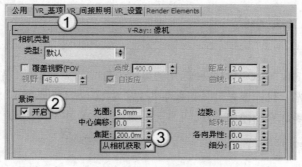

图 5-129

勾选"从相机获取"选项选项后，摄影机焦点位置的物体在画面中是最清晰的，而距离焦点越远的物体将会很模糊。

（6）按 F9 键渲染当前场景，最终效果如图 5-130 所示。

图 5-130

【课堂练习】——测试 VRay 物理像机的光圈系数

【案例学习目标】学习"光圈系数"参数的使用方法，案例效果如图 5-131 所示。

【案例知识要点】VRay 物理像机的用法。

【素材文件位置】第 5 章/素材文件/课堂练习——测试 VRay 物理像机的光圈系数.max。

【案例文件位置】第 5 章/案例文件/课堂练习——测试 VRay 物理像机的光圈系数/案例文件.max。

【视频教学位置】第 5 章/视频教学/课堂练习——测试 VRay 物理像机的光圈系数.flv。

图 5-131

5.6   本章小结

本章主要讲解了 3ds Max 中的各种灯光的运用，灯光的类型虽然比较多，但是有重要与次要之分。对于目标灯光、目标聚光灯、目标平行光、VRay 光源和 VRay 太阳，请大家要重点掌握，并且要多练习这些灯光的使用方法。

【课后练习 1】——客厅台灯灯光

【案例学习目标】学习用 3ds Max 和 VRay 灯光进行室内场景照明的方法，案例效果如图 5-132 所示。

【案例知识要点】目标灯光和 VRay 光源的用法。

【素材文件位置】第 5 章/素材文件/课后练习 1——客厅台灯灯光.max。

【案例文件位置】第 5 章/案例文件/课后练习 1——客厅台灯灯光/案例文件.max。

【视频教学位置】第 5 章/视频教学/课后练习 1——客厅台灯灯光.flv。

图 5-132

【课后练习 2】——休闲室夜景

【案例学习目标】学习用 3ds Max 和 VRay 灯光进行室内场景照明的方法，案例效果如图 5-133 所示。

【案例知识要点】目标灯光和 VRay 光源的用法

【素材文件位置】第 5 章/素材文件/课后练习 2——休闲室夜景.max。

【案例文件位置】第 5 章/案例文件/课后练习 2——休闲室夜景/案例文件.max。

【视频教学位置】第 5 章/视频教学/课后练习 2——休闲室夜景.flv。

图 5-133

第6章
VRay 渲染参数

设置 VRay 渲染参数是效果图渲染输出的最后一道工序，通过设置渲染参数，可以保证图像以一定的品质进行输出。设置渲染参数并不能改变场景的模型、灯光和材质设定，但是可以在一定程度上修正或改变输出效果，以获得更好的画面效果。

课堂学习目标

- 了解渲染的基本常识
- 了解扫描线渲染器的使用方法
- 掌握 VRay 渲染器的渲染参数设置方法

6.1 | 渲染的基础知识

使用 3ds Max 2012 创作作品时，一般都遵循"建模→灯光→材质→渲染"这个步骤，渲染是最后一道工序（后期处理除外）。渲染的英文是 Render，翻译为"着色"，也就是对场景进行着色的过程，它是通过复杂的运算，将虚拟的三维场景投射到二维平面上。这个过程需要对渲染器进行复杂的设置。图 6-1 所示为一些比较优秀的渲染作品。

图 6-1

6.1.1 渲染器的类型

渲染场景的引擎有很多种，比如 VRay 渲染器、Renderman 渲染器、mental ray 渲染器、Brazil

渲染器、FinalRender 渲染器、Maxwell 渲染器和 Lightscape 渲染器等。

3ds Max 2012 默认的渲染器有 "iray 渲染器"、"mental ray 渲染器"、"Quicksilver 硬件渲染器"、"默认扫描线渲染器" 和 "VUE 文件渲染器",在安装好 VRay 渲染器之后也可以使用 VRay 渲染器来渲染场景。当然也可以安装一些其他的渲染插件,如 Renderman、Brazil、FinalRender、Maxwell 和 Lightscape 等。

技巧与提示

在众多的渲染器当中,以 VRay 渲染器最为重要(3ds Max 以 VRay 渲染器为主),这也是本书主讲的渲染器。

6.1.2 渲染工具

在 "主工具栏" 右侧提供了多个渲染工具,如图 6-2 所示。

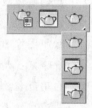

- 渲染设置 ▣：单击该按钮可以打开 "渲染设置" 对话框,基本上所有的渲染参数都在该对话框中完成。

- 渲染帧窗口 ▣：单击该按钮可以打开 "渲染帧窗口" 对话框,在该对话框中可以选择渲染区域、切换通道和储存渲染图像等任务。

图 6-2

知识点——详解 "渲染帧窗口" 对话框

单击 "渲染帧窗口" 按钮 ▣,3ds Max 会弹出 "渲染帧窗口" 对话框,如图 6-3 所示。下面详细介绍一下该对话框的用法。

图 6-3

要渲染的区域：该下拉列表中提供了要渲染的区域选项,包括 "视图"、"选定"、"区域"、"裁剪" 和 "放大"。

编辑区域 ▣：可以调整控制手柄来重新调整渲染图像的大小。

自动选定对象区域 ▣：激活该按钮后,系统会将 "区域"、"裁剪" 和 "放大" 自动设置为当前选择。

视口：显示当前渲染的哪个视图。若渲染的是透视图,那么在这里就显示为透视图。

锁定到视口 🔒：激活该按钮后,系统就只渲染视图列表中的视图。

渲染预设：可以从下拉列表中选择与预设渲染相关的选项。

渲染设置 ⬚：单击该按钮可以打开"渲染设置"对话框。

环境和效果对话框（曝光控制）◎：单击该按钮可以打开"环境和效果"对话框，在该对话框中可以调整曝光控制的类型。

产品级/迭代："产品级"是使用"渲染帧窗口"对话框、"渲染设置"对话框等所有当前设置进行渲染；"迭代"是忽略网络渲染、多帧渲染、文件输出、导出至 MI 文件以及电子邮件通知，同时使用扫描线渲染器进行渲染。

渲染 ⬚ 渲染 ：单击该按钮可以使用当前设置来渲染场景。

保存图像 🖫：单击该按钮可以打"保存图像"对话框，在该对话框可以保存多种格式的渲染图像。

复制图像 🖹：单击该按钮可以将渲染图像复制到剪贴板上。

克隆渲染帧窗口 🖳：单击该按钮可以克隆一个"渲染帧窗口"对话框。

打印图像 🖨：将渲染图像发送到 Windows 定义的打印机中。

清除 ✕：清除"渲染帧窗口"对话框中的渲染图像。

启用红色/绿色/蓝色通道 ● ● ●：显示渲染图像的红/绿/蓝通道，图 6-4、图 6-5 和图 6-6 所示分别为单独开启红色、绿色、蓝色通道的图像效果。

显示 Alpha 通道 ◔：显示图像的 Aplha 通道。

单色 ▢：单击该按钮可以将渲染图像以 8 位灰度的模式显示出来，如图 6-7 所示。

图 6-4

图 6-5

图 6-6

图 6-7

切换 UI 叠加 ▢：激活该按钮后，如果"区域"、"裁剪"或"放大"区域中有一个选项处于活动状态，则会显示表示相应区域的帧。

切换 UI ▪：激活该按钮后，"渲染帧窗口"对话框中的所有工具与选项均可使用；关闭该按钮后，不会显示对话框顶部的渲染控件以及对话框下部单独面板上的 mental ray 控件，如图 6-8 所示。

图 6-8

- ◢ 渲染产品 ⬚：单击该按钮可以使用当前的产品级渲染设置来渲染场景。
- ◢ 渲染迭代 ⬚：单击该按钮可以在迭代模式下渲染场景。
- ◢ ActiveShade（动态着色）⬚：单击该按钮可以在浮动的窗口中执行"动态着色"渲染。

6.2　默认扫描线渲染器

　　"默认扫描线渲染器"是一种多功能渲染器，可以将场景渲染为从上到下生成的一系列扫描线，如图 6-9 所示。"默认扫描线渲染器"的渲染速度特别快，但是渲染功能不强。

　　按 F10 键打开"渲染设置"对话框，3ds Max 默认的渲染器就是"默认扫描线渲染器"，如图 6-10 所示。

图 6-9

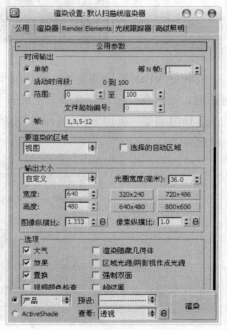

图 6-10

　　"默认扫描线渲染器"的参数共有"公用"、"渲染器"、"Render Elements（渲染元素）"、"光线跟踪器"和"高级照明"5 大选项卡。在一般情况下，都不会使用默认的扫描线渲染器，因为其渲染质量不高，并且渲染参数也特别复杂，因此这里不讲解其参数，大家只需要知道有这么一个渲染器就行了。

6.3　VRay 渲染器

　　VRay 渲染器是保加利亚的 Chaos Group 公司开发的一款高质量渲染引擎，主要以插件的形式应用在 3ds Max、Maya、SketchUp 等软件中。由于 VRay 渲染器可以真实地模拟现实光照，并且操作简单，可控性也很强，因此被广泛应用于建筑表现、工业设计和动画制作等领域。

　　VRay 的渲染速度与渲染质量比较均衡，也就是说，在保证较高渲染质量的前提下也具有较快的渲染速度，所以它是目前效果图制作领域最为流行的渲染器，如图 6-11 所示。

图 6-11

　　安装好 VRay 渲染器之后，若想使用该渲染器来渲染场景，可以按 F10 键打开"渲染设置"对话框，然后在"公用"选项卡下展开"指定渲染器"卷展栏，接着单击"产品级"选项后面的"选择渲染器"按钮 ，最后在弹出的"选择渲染器"对话框中选择 VRay 渲染器即可，如图6-12 所示。

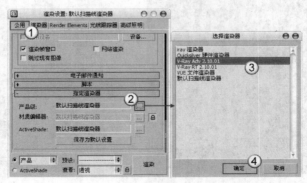

图 6-12

　　VRay 渲染器参数主要包括"公用"、"VR_基项"、"VR_间接照明"、"VR_设置"和"Render Elements（渲染元素）"5 大选项卡。下面重点讲解"VR_基项"、"VR_间接照明"和"VR_设置"这 3 个选项卡下的参数。

6.3.1　VR_基项

　　"VR_基项"选项卡下包含 9 个卷展栏，如图 6-13 所示。下面重点讲解"帧缓存"、"全局开关"、"图像采样器（抗锯齿）"、"自适应 DMC 图像采样器"、"环境"和"颜色映射"6 个卷展栏的参数。

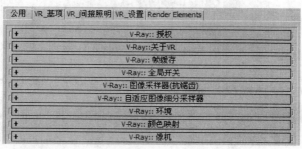

图 6-13

技巧与提示

　　注意，在默认情况下是没有"自适应 DMC 图像采样器"卷展栏的，要调出这个卷展栏，需要先将图像采样器的"类型"设置为"自适应 DMC"，如图 6-14 所示。

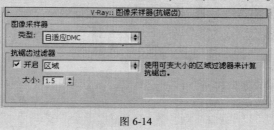

图 6-14

1.　帧缓存卷展栏

　　"帧缓存"卷展栏下的参数可以代替 3ds Max 自身的帧缓存窗口。这里可以设置渲染图像的大小，以及保存渲染图像等，如图 6-15 所示。

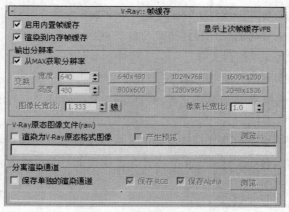

图 6-15

【参数详解】

① 帧缓存组。

- 启用内置帧缓存：当选择这个选项的时候，用户就可以使用 VRay 自身的渲染窗口。同时需要注意，应该关闭 3ds Max 默认的"渲染帧窗口"选项，这样可以节约一些内存资源，如图 6-16 所示。

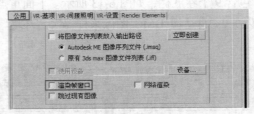

图 6-16

知识点——详解"VRay 帧缓存"对话框

在"帧缓存"卷展栏下勾选"启用内置帧缓存"选项后，按 F9 键渲染场景，3ds Max 会弹出"VRay 帧缓存"对话框，如图 6-17 所示。

图 6-17

切换颜色显示模式 ●●●● ：分别为"切换到 RGB 通道"、"查看红色通道"、"查看绿色通道"、"查看蓝色通道"、"切换到 Alpha 通道"和"灰度模式"。

保存图像 🖫：将渲染好的图像保存到指定的路径中。

载入图像 📂：载入 VRay 图像文件。

清除图像 ✕：清除帧缓存中的图像。

复制到 3ds Max 的帧缓存 ：单击该按钮可以将 VRay 帧缓存中的图像复制到 3ds Max 中的帧缓存中。

渲染时跟踪鼠标 ：强制渲染鼠标所指定的区域，这样可以快速观察到指定的渲染区域。

区域渲染 ：使用该按钮可以在 VRay 帧缓存中拖曳出一个渲染区域，再次渲染时就只渲染这个区域内的物体。

渲染上次 ：执行上一次的渲染。

打开颜色校正控制 ▦：单击该按钮会弹出"颜色校正"对话框，在该对话框中可以校正渲染图像的颜色。

强制颜色钳制 ▤：单击该按钮可以对渲染图像中超出显示范围的色彩不进行警告。

查看钳制颜色 ◆：单击该按钮可以查看钳制区域中的颜色。

打开像素信息对话框 ⅰ：单击该按钮会弹出一个与像素相关的信息通知对话框。

使用颜色对准校正 ▲：在"颜色校正"对话框中调整明度的阈值后，单击该按钮可以将最后调整的结果显示或不显示在渲染的图像中。

使用颜色曲线校正 ✎：在"颜色校正"对话框中调整好曲线的阈值后，单击该按钮可以将最后调整的结果显示或不显示在渲染的图像中。

使用曝光校正 ✿：控制是否对曝光进行修正。

显示在 sRGB 色彩空间的颜色 ▦：sRGB 是国际通用的一种 RGB 颜色模式，还有 Adobe RGB 和 ColorMatch RGB 模式，这些 RGB 模式主要的区别就在于 Gamma 值的不同。

- 渲染到内存帧缓存：当勾选该选项时，可以将图像渲染到内存中，然后再由帧缓存窗口显示出来，这样可以方便用户观察渲染的过程；当关闭该选项时，不会出现渲染框，而直接保存到指定的硬盘文件夹中，这样的好处是可以节约内存资源。

② 输出分辨率组。

- 从 MAX 获取分辨率：当勾选该选项时，将从"公用"选项卡的"输出大小"选项组中获取渲染尺寸；当关闭该选项时，将从 VRay 渲染器的"输出分辨率"选项组中获取渲染尺寸。
- 宽度：设置像素的宽度。
- 长度：设置像素的长度。
- 交换 交换：交换"宽度"和"高度"的数值。
- 图像长宽比：设置图像的长宽比例，单击后面的"锁"按钮 锁 可以锁定图像的长宽比。
- 像素长宽比：控制渲染图像的像素长宽比。

③ VRay 原态图像文件（raw）组。

- 渲染为 VRay 原始格式图像：控制是否将渲染后的文件保存到所指定的路径中。勾选该选项后渲染的图像将以 raw 格式进行保存。

技巧与提示

在渲染较大的场景时，计算机会负担很大的渲染压力，而勾选"渲染为 VRay 原始格式图像"选项后（需要设置好渲染图像的保存路径），渲染图像会自动保存到设置的路径中。

④ 分离渲染通道组。

- 保存单独的渲染通道：控制是否单独保存渲染通道。
- 保存 RGB：控制是否保存 RGB 色彩。
- 保存 Alpha：控制是否保存 Alpha 通道。
- 浏览 浏览...：单击该按钮可以保存 RGB 和 Alpha 文件。

2. 全局开关卷展栏

"全局开关"展卷栏下的参数主要用来对场景中的灯光、材质、置换等进行全局设置，比如是否使用默认灯光、是否开启阴影、是否开启模糊等，如图 6-18 所示。

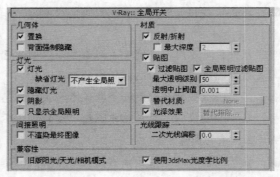

图 6-18

【参数详解】

① 几何体组。

▰ 置换：控制是否开启场景中的置换效果。在 VRay 的置换系统中，一共有两种置换方式，分别是材质置换方式和 VRay 置换修改器方式，如图 6-19 所示。当关闭该选项时，场景中的两种置换都不会起作用。

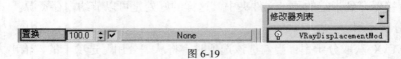

图 6-19

▰ 背面强制隐藏：执行 3ds Max 中的"自定义/首选项"菜单命令，在弹出的对话框中的"视口"选项卡下有一个"创建对象时背面消隐"选项，如图 6-20 所示。"背面强制隐藏"与"创建对象时背面消隐"选项相似，但"创建对象时背面消隐"只用于视图，对渲染没有影响，而"强制背面隐藏"是针对渲染而言的，勾选该选项后反法线的物体将不可见。

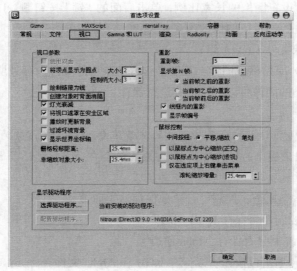

图 6-20

② 灯光组。

▰ 灯光：控制是否开启场景中的光照效果。当关闭该选项时，场景中放置的灯光将不起作用。

◢ 缺省灯光：控制场景是否使用 3ds Max 系统中的默认光照，一般情况下都不设置它。

◢ 隐藏灯光：控制场景是否让隐藏的灯光产生光照。这个选项对于调节场景中的光照非常方便。

◢ 阴影：控制场景是否产生阴影。

◢ 只显示全局照明：当勾选该选项时，场景渲染结果只显示全局照明的光照效果。虽然如此，渲染过程中也是计算了直接光照的。

③ 间接照明组。

◢ 不渲染最终图像：控制是否渲染最终图像。如果勾选该选项，VRay 将在计算完光子以后，不再渲染最终图像，这对跑小光子图非常方便。

④ 材质组。

◢ 反射/折射：控制是否开启场景中的材质的反射和折射效果。

◢ 最大深度：控制整个场景中的反射、折射的最大深度，后面的输入框数值表示反射、折射的次数。

◢ 贴图：控制是否让场景中的物体的程序贴图和纹理贴图渲染出来。如果关闭该选项，那么渲染出来的图像就不会显示贴图，取而代之的是漫反射通道里的颜色。

◢ 过滤贴图：这个选项用来控制 VRay 渲染时是否使用贴图纹理过滤。如果勾选该选项，VRay 将用自身的"抗锯齿过滤器"来对贴图纹理进行过滤，如图 6-21 所示；如果关闭该选项，将以原始图像进行渲染。

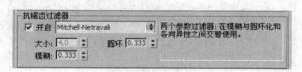

图 6-21

◢ 全局照明过滤贴图：控制是否在全局照明中过滤贴图。

◢ 最大透明级别：控制透明材质被光线追踪的最大深度。值越高，被光线追踪的深度越深，效果越好，但渲染速度会变慢。

◢ 透明中止阈值：控制 VRay 渲染器对透明材质的追踪终止值。当光线透明度的累计比当前设定的阈值低时，将停止光线透明追踪。

◢ 替代材质：是否给场景赋予一个全局材质。当在后面的通道中设置了一个材质后，那么场景中所有的物体都将使用该材质进行渲染，这在测试阳光的方向时非常有用。

◢ 光泽效果：是否开启反射或折射模糊效果。当关闭该选项时，场景中带模糊的材质将不会渲染出反射或折射模糊效果。

⑤ 光线跟踪组。

◢ 二次光线偏移：这个选项主要用来控制有重面的物体在渲染时不会产生黑斑。如果场景中有重面，在默认值 0 的情况下将会产生黑斑，一般通过设置一个比较小的值来纠正渲染错误，比如 0.0001。但是如果这个值设置比较大，比如 10，那么场景中的间接照明将变得不正常。比如在图 6-22 中，地板上放了一个长方体，它的位置刚好和地板重合，当"二次光线偏移"数值为 0 的时候渲染结果不正确，出现黑块；当"二次光线偏移"数值为 0.001 的时候，渲染结果正常，没有黑斑。

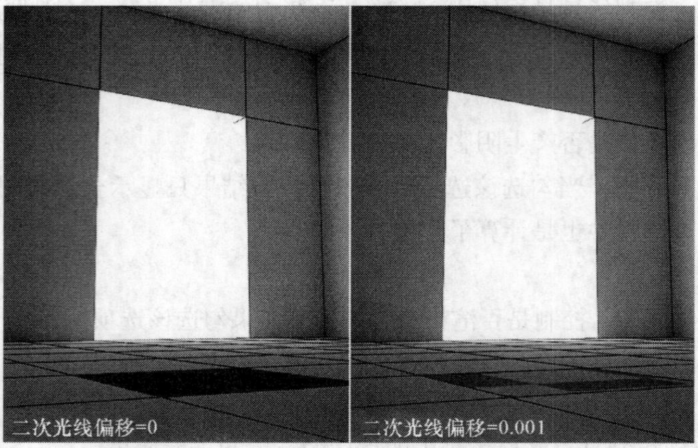

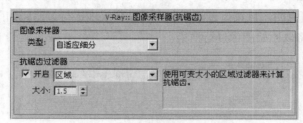

图 6-22

3. 图像采样器（抗锯齿）卷展栏

抗锯齿在渲染设置中是一个必须调整的参数，其数值的大小决定了图像的渲染精度和渲染时间，但抗锯齿与全局照明精度的高低没有关系，只作用于场景物体的图像和物体的边缘精度，其参数设置面板如图 6-23 所示。

图 6-23

【参数详解】

① 图像采样器组。

⌐ 类型：用来设置"图像采样器"的类型，包括"固定"、"自适应 DMC"和"自适应细分" 3 种类型。

● 固定：对每个像素使用一个固定的细分值。该采样方式适合拥有大量的模糊效果（比如运动模糊、景深模糊、反射模糊、折射模糊等）或者具有高细节纹理贴图的场景。在这种情况下，使用"固定"方式能够兼顾渲染品质和渲染时间。

● 自适应 DMC：这是最常用的一种采样器，在下面的内容中还要单独介绍，其采样方式可以根据每个像素以及与它相邻像素的明暗差异来使不同像素使用不同的样本数量。在角落部分使用较高的样本数量，在平坦部分使用较低的样本数量。该采样方式适合拥有少量的模糊效果或者具有高细节的纹理贴图以及具有大量几何体面的场景。

● 自适应细分：这个采样器具有负值采样的高级抗锯齿功能，适用于在没有或者有少量的模糊效果的场景中。在这种情况下，它的渲染速度最快，但是在具有大量细节和模糊效果的场景中，它的渲染速度会非常慢，渲染品质也不高，这是因为它需要去优化模糊和大量的细节，对模糊和大量细节进行预计算，从而把渲染速度降低。同时该采样方式是 3 种采样类型中最占内存资源的一种，而"固定"采样器占的内存资源最少。

② 抗锯齿过滤器组。

⊿ 开启：当勾选"开启"选项以后，可以从后面的下拉列表中选择一个抗锯齿过滤器来对场景进行抗锯齿处理；如果不勾选"开启"选项，那么渲染时将使用纹理抗锯齿过滤器。

⊿ 区域：用区域大小来计算抗锯齿，如图 6-24 所示。

⊿ 清晰四方形：来自 Neslon Max 算法的清晰 9 像素重组过滤器，如图 6-25 所示。

⊿ Catmull-Rom：一种具有边缘增强的过滤器，可以产生较清晰的图像效果，如图 6-26 所示。

图 6-24

图 6-25

图 6-26

⊿ 图版匹配/MAX R2：使用 3ds Max R2 的方法（无贴图过滤）将摄影机和场景或"无光/投影"元素与未过滤的背景图像相匹配，如图 6-27 所示。

⊿ 四方形：和"清晰四方形"相似，能产生一定的模糊效果，如图 6-28 所示。

⊿ 立方体：基于立方体的 25 像素过滤器，能产生一定的模糊效果，如图 6-29 所示。

图 6-27

图 6-28

图 6-29

⊿ 视频：适合于制作视频动画的一种抗锯齿过滤器，如图 6-30 所示。

⊿ 柔化：用于程度模糊效果的一种抗锯齿过滤器，如图 6-31 所示。

⊿ Cook 变量：一种通用过滤器，较小的数值可以得到清晰的图像效果，如图 6-32 所示。

⊿ 混合：一种用混合值来确定图像清晰或模糊的抗锯齿过滤器，如图 6-33 所示。

⊿ Blackman：一种没有边缘增强效果的抗锯齿过滤器，如图 6-34 所示。

⊿ Mitchell-Netravali：一种常用的过滤器，能产生微量模糊的图像效果，如图 6-35 所示。

图 6-30

图 6-31

图 6-32

图 6-33

图 6-34

图 6-35

- ◢ VRayLanczos/VRaySinc 过滤器：VRay 新版本中的两个
  新抗锯齿过滤器，可以很好地平衡渲染速度和渲染质
  量，如图 6-36 所示。
- ◢ VRay 盒子过滤器/VRay 三角形过滤器：这也是 VRay
  新版本中的抗锯齿过滤器，它们以"盒子"和"三角形"
  的方式进行抗锯齿。
- ◢ 大小：设置过滤器的大小。

图 6-36

4. 自适应 DMC 图像采样器卷展栏

"自适应 DMC"采样器是一种高级抗锯齿采样器。展开"图
像采样器（抗锯齿）"卷展栏，然后在"图像采样器"选项组下
设置"类型"为"自适应 DMC"，此时系统会增加一个"自适应 DMC 图像采样器"卷展栏，如
图 6-37 所示。

图 6-37

【参数详解】

- ◢ 最小细分：定义每个像素使用样本的最小数量。

- 最大细分：定义每个像素使用样本的最大数量。
- 颜色阈值：色彩的最小判断值，当色彩的判断达到这个值以后，就停止对色彩的判断。具体一点就是分辨哪些是平坦区域，哪些是角落区域。这里的色彩应该理解为色彩的灰度。
- 使用 DMC 采样器阈值：如果勾选了该选项，"颜色阈值"选项将不起作用，取而代之的是采用"DMC 采样器"里的阈值。
- 显示采样：勾选该选项后，可以看到"自适应 DMC"的样本分布情况。

5. 环境卷展栏

"环境"卷展栏分为"全局照明环境（天光）覆盖"、"反射/折射环境覆盖"和"折射环境覆盖"3 个选项组，如图 6-38 所示。在该卷展栏下可以设置天光的亮度、反射、折射和颜色等。

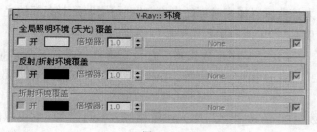

图 6-38

【参数详解】

① 全局照明环境（天光）覆盖组。

- 开：控制是否开启 VRay 的天光。当使用这个选项以后，3ds Max 默认的天光效果将不起光照作用。
- 颜色：设置天光的颜色。
- 倍增器：设置天光亮度的倍增。值越高，天光的亮度越高。
- None（无）None：选择贴图来作为天光的光照。

② 反射/折射环境覆盖组。

- 开：当勾选该选项后，当前场景中的反射环境将由它来控制。
- 颜色：设置反射环境的颜色。
- 倍增器：设置反射环境亮度的倍增。值越高，反射环境的亮度越高。
- None（无）None：选择贴图来作为反射环境。

③ 折射环境覆盖组。

- 开：当勾选该选项后，当前场景中的折射环境由它来控制。
- 颜色：设置折射环境的颜色。
- 倍增器：设置反射环境亮度的倍增。值越高，折射环境的亮度越高。
- None（无）None：选择贴图来作为折射环境。

6. 颜色映射卷展栏

"颜色映射"卷展栏下的参数主要用来控制整个场景的颜色和曝光方式，如图 6-39 所示。

图 6-39

【参数详解】

- 类型：提供不同的曝光模式，包括"VR_线性倍增"、"VR_指数"、"VR_HSV 指数"、"VR_亮度指数"、"VR_伽玛校正"、"VR_亮度伽玛"和 VR_Reinhard 这 7 种模式。

- VR_线性倍增：这种模式将基于最终色彩亮度来进行线性的倍增，可能会导致靠近光源的点过分明亮，如图 6-40 所示。"VR_线性倍增"模式包括 3 个局部参数："暗倍增"是对暗部的亮度进行控制，加大该值可以提高暗部的亮度；"亮倍增"是对亮部的亮度进行控制，加大该值可以提高亮部的亮度；"伽玛值"主要用来控制图像的伽玛值。

- VR_指数：这种曝光是采用指数模式，它可以降低靠近光源处表面的曝光效果，同时场景颜色的饱和度会降低，如图 6-41 所示。"VR_指数"模式的局部参数与"VR_线性倍增"一样。

- VR_HSV 指数：与"VR_指数"曝光比较相似，不同点在于它可以保持场景物体的颜色饱和度，但是这种方式会取消高光的计算，如图 6-42 所示。"VR_HSV 指数"模式的局部参数与"VR_线性倍增"一样。

图 6-40   图 6-41   图 6-42

- VR_亮度指数：这种方式是对上面两种指数曝光的结合，既抑制了光源附近的曝光效果，又保持了场景物体的颜色饱和度，如图 6-43 所示。"VR_亮度指数"模式的局部参数与"VR_线性倍增"相同。

- VR_伽玛校正：采用伽玛来修正场景中的灯光衰减和贴图色彩，其效果和"VR_线性倍增"曝光模式类似，如图 6-44 所示。"VR_伽玛校正"模式包括"倍增"和"反转伽玛"两个局部参数："倍增"主要用来控制图像的整体亮度倍增；"反转伽玛"是 VRay 内部转化的，比如输入 2.2 就是和显示器的伽玛 2.2 相同。

- VR_亮度伽玛：这种曝光模式不仅拥有"VR_伽玛校正"的优点，同时还可以修正场景灯光的亮度，如图 6-45 所示。

图 6-43	图 6-44	图 6-45

- VR_Reinhard：这种曝光方式可以把"VR_线性倍增"和"VR_指数"曝光混合起来。它包括一个"燃烧值"局部参数，主要用来控制"VR_线性倍增"和"VR_指数"曝光的混合值：0 表示"VR_线性倍增"不参与混合，如图 6-46 所示；1 表示"VR_指数"不参加混合，如图 6-47 所示；0.5 表示"VR_线性倍增"和"VR_指数"曝光效果各占一半，如图 6-48 所示。

图 6-46	图 6-47	图 6-48

- 子像素映射：在实际渲染时，物体的高光区与非高光区的界限处会有明显的黑边，而开启"子像素映射"选项后就可以缓解这种现象。
- 钳制输出：当勾选这个选项后，在渲染图中有些无法表现出来的色彩会通过限制来自动纠正。但是当使用 HDRI（高动态范围贴图）的时候，如果限制了色彩的输出会出现一些问题。
- 影响背景：控制是否让曝光模式影响背景。当关闭该选项时，背景不受曝光模式的影响。
- 不影响颜色（仅自适应）：在使用 HDRI（高动态范围贴图）和"VRay 发光材质"时，若不开启该选项，"颜色映射"卷展栏下的参数将对这些具有发光功能的材质或贴图产生影响。

6.3.2　VR_间接照明

"VR_间接照明"选项卡下包含 4 个卷展栏，如图 6-49 所示。下面重点讲解"间接照明（全局照明）"、"发光贴图"、"灯光缓存"和"焦散"卷展栏下的参数。

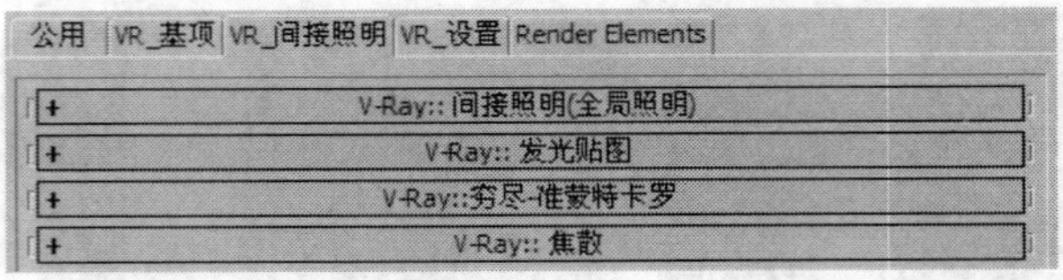

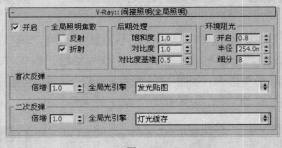

图 6-49

技巧与提示

注意，在默认情况下是没有“灯光缓存”卷展栏的，要调出这个卷展栏，需要先在“间接照明（全局照明）”卷展栏下将“二次反弹”的“全局光引擎”设置为“灯光缓存”，如图 6-50 所示。

图 6-50

1. 间接照明（全局照明）卷展栏

在 VRay 渲染器中，如果没有开启间接照明时的效果就是直接照明效果，开启后就可以得到间接照明效果。开启间接照明后，光线会在物体与物体间互相反弹，因此光线计算会更加准确，图像也更加真实，其参数设置面板如图 6-51 所示。

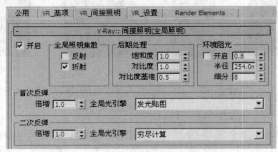

图 6-51

【参数详解】

① 基本组。

- 开启：勾选该选项后，将开启间接照明效果。

② 全局照明焦散组。

- 反射：控制是否开启反射焦散效果。
- 折射：控制是否开启折射焦散效果。

技巧与提示

注意，“全局照明焦散”选项组下的参数只有在“焦散”卷展栏下勾选“开启”选项后该才起作用。

③ 后期处理组。

┛ 饱和度：可以用来控制色溢，降低该数值可以降低色溢效果，图 6-52 和图 6-53 所示为"饱和度"数值为 0 和 2 时的效果对比。

图 6-52   图 6-53

┛ 对比度：控制色彩的对比度。数值越高，色彩对比越强；数值越低，色彩对比越弱。

┛ 对比度基准：控制"饱和度"和"对比度"的基数。数值越高，"饱和度"和"对比度"效果越明显。

④ 环境阻光组。

┛ 开启：控制是否开启"环境阻光"功能。

┛ 半径：设置环境阻光的半径。

┛ 细分：设置环境阻光的细分值。数值越高，阻光越好，反之越差。

⑤ 首次反弹组。

┛ 倍增：控制"首次反弹"的光的倍增值。值越高，"首次反弹"的光的能量越强，渲染场景越亮，默认情况下为 1。

┛ 全局光引擎：设置"首次反弹"的 GI 引擎，包括"发光贴图"、"光子贴图"、"穷尽计算"和"灯光缓存"4 种。

⑥ 二次反弹组。

┛ 倍增：控制"二次反弹"的光的倍增值。值越高，"二次反弹"的光的能量越强，渲染场景越亮，最大值为 1，默认情况下也为 1。

┛ 全局光引擎：设置"二次反弹"的 GI 引擎，包括"无"（表示不使用引擎）、"光子贴图"、"穷尽计算"和"灯光缓存"4 种。

知识点——首次反弹和二次反弹的区别

在真实世界中，光线的反弹一次比一次减弱。VRay 渲染器中的全局照明有"首次反弹"和"二次反弹"，但并不是说光线只反射两次，"首次反弹"可以理解为直接照明的反弹，光线照射到 A 物体后反射到 B 物体，B 物体所接收到的光就是"首次反弹"，B 物体再将光线反射到 D 物体，D 物体再将光线反射到 E 物体……D 物体以后的物体所得到的光的反射就是"二次反弹"，如图 6-54 所示。

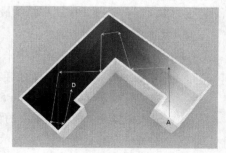

图 6-54

2. 发光贴图卷展栏

"发光贴图"中的"发光"描述了三维空间中的任意一点以及全部可能照射到这点的光线，它是一种常用的全局光引擎，只存在于"首次反弹"引擎中，其参数设置面板如图 6-55 所示。

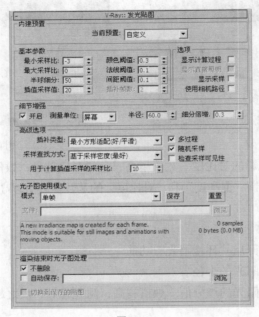

图 6-55

【参数详解】

① 内建预置组。

◢ 当前预置：设置发光贴图的预设类型，共有以下 8 种。

• 自定义：选择该模式时，可以手动调节参数。

• 非常低：这是一种非常低的精度模式，主要用于测试阶段。

• 低：一种比较低的精度模式，不适合用于保存光子贴图。

• 中：是一种中级品质的预设模式。

• 中-动画：用于渲染动画效果，可以解决动画闪烁的问题。

• 高：一种高精度模式，一般用在光子贴图中。

• 高-动画：比中等品质效果更好的一种动画渲染预设模式。

• 非常高：是预设模式中精度最高的一种，可以用来渲染高品质的效果图。

② 基本参数组。

◢ 最小采样比：控制场景中平坦区域的采样数量。0 表示计算区域的每个点都有样本；–1 表示计算区域的 1/2 是样本；–2 表示计算区域的 1/4 是样本，图 6-56 和图 6-57 所示为"最小采样比"为–2 和–5 时的对比效果。

◢ 最大采样比：控制场景中的物体边线、角落、阴影等细节的采样数量。0 表示计算区域的每个点都有样本；–1 表示计算区域的 1/2 是样本；–2 表示计算区域的 1/4 是样本，图 6-58 和图 6-59 所示为"最大采样比"为 0 和–1 时的效果对比。

图 6-56

图 6-57

图 6-58

图 6-59

- 半球细分：因为 VRay 采用的是几何光学，所以它可以模拟光线的条数，这个参数就是用来模拟光线的数量。值越高，表现的光线越多，那么样本精度也就越高，渲染的品质也越好，同时渲染时间也会增加。图 6-60 和图 6-61 所示为"半球细分"为 20 和 100 时的效果对比。

图 6-60

图 6-61

- 插值采样值：这个参数是对样本进行模糊处理，较大的值可以得到比较模糊的效果，较小的值可以得到比较锐利的效果，图 6-62 和图 6-63 所示为"插值采样值"为 2 和 20 时的效果对比。

图 6-62

图 6-63

　　　　┛　颜色阈值：这个值主要是让渲染器分辨哪些是平坦区域，哪些不是平坦区域，它是按照颜色的灰度来区分的。值越小，对灰度的敏感度越高，区分能力越强。

　　　　┛　法线阈值：这个值主要是让渲染器分辨哪些是交叉区域，哪些不是交叉区域，它是按照法线的方向来区分的。值越小，对法线方向的敏感度越高，区分能力越强。

　　　　┛　间距阈值：这个值主要是让渲染器分辨哪些是弯曲表面区域，哪些不是弯曲表面区域，它是按照表面距离和表面弧度的比较来区分的。值越高，表示弯曲表面的样本越多，区分能力越强。

　　③ 选项组。

　　　　┛　显示计算过程：勾选这个选项后，用户可以看到渲染帧里的 GI 预计算过程，同时会占用一定的内存资源。

　　　　┛　显示直接照明：在预计算的时候显示直接照明，以方便用户观察直接光照的位置。

　　　　┛　显示采样：显示采样的分布以及分布的密度，帮助用户分析 GI 的精度够不够。

　　④ 细节增强组。

　　　　┛　开启：是否开启"细部增强"功能。

　　　　┛　测量单位：细分半径的单位依据，有"屏幕"和"世界"两个单位选项。"屏幕"是指用渲染图的最后尺寸来作为单位；"世界"是用 3ds Max 系统中的单位来定义的。

　　　　┛　半径：表示细节部分有多大区域使用"细节增强"功能。"半径"值越大，使用"细部增强"功能的区域也就越大，同时渲染时间也越慢。

　　　　┛　细分倍增：控制细部的细分，但是这个值和"发光贴图"里的"半球细分"有关系。0.3 代表细分是"半球细分"的 30%；1 代表和"半球细分"的值一样。值越低，细部就会产生杂点，渲染速度比较快；值越高，细部就可以避免产生杂点，同时渲染速度会变慢。

　　⑤ 高级选项组。

　　　　┛　插补类型：VRay 提供了 4 种样本插补方式，为"发光贴图"的样本的相似点进行插补。

　　• 加权平均值（好/穷尽计算）：一种简单的插补方法，可以将插补采样以一种平均值的方法进行计算，能得到较好的光滑效果。

　　• 最小方形适配（好/平滑）：默认的插补类型，可以对样本进行最适合的插补采样，能得到比"加权平均值（好/穷尽计算）"更光滑的效果。

　　• 三角测试法（好/精确）：最精确的插补算法，可以得到非常精确的效果，但是要有更多的"半球细分"才不会出现斑驳效果，且渲染时间较长。

　　• 最小方形加权测试法（测试）：结合了"加权平均值（好/穷尽计算）"和"最小方形适配（好/平滑）"两种类型的优点，但渲染时间较长。

　　　　┛　采样查找方式：它主要控制哪些位置的采样点是适合用来作为基础插补的采样点。VRay 内部提供了以下 4 种样本查找方式。

　　• 四采样点平衡方式（好）：它将插补点的空间划分为 4 个区域，然后尽量在它们中寻找相等数量的样本，它的渲染效果比"临近采样（草图）"效果好，但是渲染速度比"临近采样（草图）"慢。

　　• 临近采样（草图）：这种方式是一种草图方式，它简单地使用"发光贴图"里的最靠近的插补点样本来渲染图形，渲染速度比较快。

● 重叠（非常好/快）：这种查找方式需要对"发光贴图"进行预处理，然后对每个样本半径进行计算。低密度区域样本半径比较大，而高密度区域样本半径比较小。渲染速度比其他 3 种都快。

● 基于采样密度（最好）：它基于总体密度来进行样本查找，不但物体边缘处理非常好，而且在物体表面也处理得十分均匀。它的效果比"重叠（非常好/快）"更好，其速度也是 4 种查找方式中最慢的一种。

◢ 用于计算插值采样的采样比：用在计算"发光贴图"过程中，主要计算已经被查找后的插补样本的使用数量。较低的数值可以加速计算过程，但是会导致信息不足；较高的值计算速度会减慢，但是所利用的样本数量比较多，所以渲染质量也比较好。官方推荐使用 10～25 之间的数值。

◢ 多过程：当勾选该选项时，VRay 会根据"最大采样比"和"最小采样比"进行多次计算。如果关闭该选项，那么就强制一次性计算完。一般根据多次计算以后的样本分布会均匀合理一些。

◢ 随机采样：控制"发光贴图"的样本是否随机分配。如果勾选该选项，那么样本将随机分配，如图 6-64 所示；如果关闭该选项，那么样本将以网格方式来进行排列，如图 6-65 所示。

图 6-64

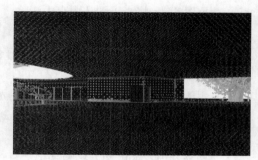

图 6-65

◢ 检查采样可见性：在灯光通过比较薄的物体时，很有可能会产生漏光现象，勾选该选项可以解决这个问题，但是渲染时间就会长一些。通常在比较高的 GI 情况下，也不会漏光，所以一般情况下不勾选该选项。当出现漏光现象时，可以试着勾选该选项。图 6-66 所示为右边的薄片出现的漏光现象，图 6-67 所示为勾选了"检查采样可见性"以后的效果，从图中可以观察到没有了漏光现象。

图 6-66

图 6-67

⑥ 光子图使用模式组。

　┚ 模式：一共有以下 8 种模式。

● 单帧：一般用来渲染静帧图像。

● 多帧累加：这个模式用于渲染仅有摄影机移动的动画。当 VRay 计算完第 1 帧的光子以后，在后面的帧里根据第 1 帧里没有的光子信息进行新计算，这样就节约了渲染时间。

● 从文件：当渲染完光子以后，可以将其保存起来，这个选项就是调用保存的光子图进行动画计算（静帧同样也可以这样）。

● 添加到当前贴图：当渲染完一个角度的时候，可以把摄影机转一个角度再全新计算新角度的光子，最后把这两次的光子叠加起来，这样的光子信息更丰富、更准确，同时也可以进行多次叠加。

● 增量添加到当前贴图：这个模式和"添加到当前贴图"相似，只不过它不是全新计算新角度的光子，而是只对没有计算过的区域进行新的计算。

● 块模式：把整个图分成块来计算，渲染完一个块再进行下一个块的计算，但是在低 GI 的情况下，渲染出来的块会出现错位的情况。它主要用于网络渲染，速度比其他方式快。

● 动画（预处理）：适合动画预览，使用这种模式要预先保存好光子贴图。

● 动画（渲染）：适合最终动画渲染，这种模式要预先保存好光子贴图。

　┚ 保存 保存 ：将光子图保存到硬盘。

　┚ 重置 重置 ：将光子图从内存中清除。

　┚ 文件：设置光子图所保存的路径。

　┚ 浏览 浏览 ：从硬盘中调用需要的光子图进行渲染。

⑦ 渲染结束时光子图处理组。

　┚ 不删除：当光子渲染完以后，不把光子从内存中删掉。

　┚ 自动保存：当光子渲染完以后，自动保存在硬盘中，单击"浏览"按钮 浏览 就可以选择保存位置。

　┚ 切换到保存的贴图：当勾选了"自动保存"选项后，在渲染结束时会自动进入"从文件"模式并调用光子贴图。

3. 灯光缓存卷展栏

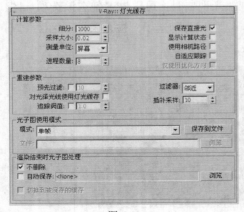

图 6-68

"灯光缓存"与"发光贴图"比较相似，都是将最后的光发散到摄影机后得到最终图像，只是"灯光缓存"与"发光贴图"的光线路径是相反的，"发光贴图"的光线追踪方向是从光源发射到场景的模型中，最后再反弹到摄影机，而"灯光缓存"是从摄影机开始追踪光线到光源，摄影机追踪光线的数量就是"灯光缓存"的最后精度。由于"灯光缓存"是从摄影机方向开始追踪的光线的，所以最后的渲染时间与渲染的图像的像素没有关系，只与其中的参数有关，一般适用于"二次反弹"，其参数设置面板如图 6-68 所示。

【参数详解】

① 计算参数组。

⌐ 细分：用来决定"灯光缓存"的样本数量。值越高，样本总量越多，渲染效果越好，渲染时间越慢。图 6-69 和图 6-70 所示为"细分"值为 200 和 800 时的渲染效果对比。

图 6-69   图 6-70

⌐ 采样大小：用来控制"灯光缓存"的样本大小，比较小的样本可以得到更多的细节，但是同时需要更多的样本。图 6-71 和图 6-72 所示为"采样大小"为 0.04 和 0.01 时的渲染效果对比。

图 6-71   图 6-72

⌐ 测量单位：主要用来确定样本的大小依靠什么单位，这里提供了以下两种单位。一般在效果图中使用"屏幕"选项，在动画中使用"世界"选项。

⌐ 进程数量：这个参数由 CPU 的个数来确定。如果是单 CUP 单核单线程，那么就可以设定为 1；如果是双核，就可以设定为 2。注意；这个值设定太大会让渲染的图像有点模糊。

⌐ 保存直接光：勾选该选项以后，"灯光缓存"将保存直接光照信息。当场景中有很多灯光时，使用这个选项会提高渲染速度。因为它已经把直接光照信息保存到"灯光缓存"里，在渲染出图的时候，不需要对直接光照再进行采样计算。

⌐ 显示计算状态：勾选该选项以后，可以显示"灯光缓存"的计算过程，方便观察。

⌐ 自适应跟踪：这个选项的作用在于记录场景中的灯光位置，并在光的位置上采用更多的样本，同时模糊特效也会处理得更快，但是会占用更多的内存资源。

⌐ 仅使用优化方向：当勾选"自适应跟踪"选项以后，该选项才被激活。它的作用在于只记录直接光照的信息，而不考虑间接照明，可以加快渲染速度。

② 重建参数组。

⌐ 预先过滤：当勾选该选项以后，可以对"灯光缓存"样本进行提前过滤，它主要是查找样本边界，然后对其进行模糊处理。后面的值越高，对样本进行模糊处理的程度越深。图 6-73 和图 6-74 所示为"预先过滤"为 10 和 50 时的对比渲染效果。

图 6-73

图 6-74

◢ 对光泽光线使用灯光缓存：是否使用平滑的灯光缓存，开启该功能后会使渲染效果更加平滑，但会影响到细节效果。

◢ 过滤器：该选项是在渲染最后成图时，对样本进行过滤，其下拉列表中共有以下 3 个选项。

● 无：对样本不进行过滤。

● 邻近：当使用这个过滤方式时，过滤器会对样本的边界进行查找，然后对色彩进行均化处理，从而得到一个模糊效果。当选择该选项以后，下面会出现一个"插补采样"参数，其值越高，模糊程度越深。图 6-75 和图 6-76 所示为"过滤器"都为"邻近"，而"插补采样"为 10 和 50 时的对比渲染效果。

图 6-75

图 6-76

● 固定：这个方式和"邻近"方式的不同点在于，它采用距离的判断来对样本进行模糊处理。同时它也附带一个"过滤大小"参数，其值越大，表示模糊的半径越大，图像的模糊程度越深。图 6-77 和图 6-78 所示为"过滤器"方式都为"固定"，而"过滤大小"为 0.02 和 0.06 时的对比渲染效果。

图 6-77

图 6-78

◢ 追踪阈值：勾选该选项以后，会提高对场景中反射和折射模糊效果的渲染速度。

③ 光子图使用模式组。

◢ 模式：设置光子图的使用模式，共有以下 4 种。

● 单帧：一般用来渲染静帧图像。

● 穿行：这个模式用在动画方面，它把第 1 帧到最后 1 帧的所有样本都融合在一起。

● 从文件：使用这种模式，VRay 要导入一个预先渲染好的光子贴图，该功能只渲染光影追踪。

● 渐进路径跟踪：这个模式就是常说的 PPT，它是一种新的计算方式，和 "自适应 DMC" 一样是一个精确的计算方式。不同的是，它不停地去计算样本，不对任何样本进行优化，直到样本计算完毕为止。

◢ 保存到文件 [保存到文件] ：将保存在内存中的光子贴图再次进行保存。

◢ 浏览 [浏览] ：从硬盘中浏览保存好的光子图。

④ 渲染结束时光子图处理组。

◢ 不删除：当光子渲染完以后，不把光子从内存中删掉。

◢ 自动保存：当光子渲染完以后，自动保存在硬盘中，单击 "浏览" 按钮 [浏览] 可以选择保存位置。

◢ 切换到被保存的缓存：当勾选 "自动保存" 选项以后，这个选项才被激活。当勾选该选项以后，系统会自动使用最新渲染的光子图来进行大图渲染。

4. 焦散卷展栏

"焦散" 是一种特殊的物理现象，在 VRay 渲染器里有专门的焦散功能，其参数面板如图 6-79 所示。

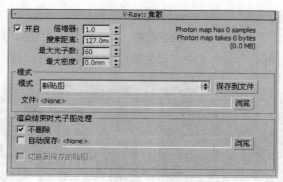

图 6-79

【参数详解】

◢ 开启：勾选该选项后，就可以渲染焦散效果。

◢ 倍增器：焦散的亮度倍增。值越高，焦散效果越亮。图 6-80 和图 6-81 所示分别为 "倍增器" 为 4 和 12 时的对比渲染效果。

◢ 搜索距离：当光子追踪撞击在物体表面的时候，会自动搜寻位于周围区域同一平面的其他光子，实际上这个搜寻区域是一个以撞击光子为中心的圆形区域，其半径就是由这个搜寻距离确定的。较小的值容易产生斑点；较大的值会产生模糊焦散效果。图 6-82 和图 6-83 所示分别为 "搜索距离" 为 0.1mm 和 2mm 时的对比渲染效果。

图 6-80

图 6-81

图 6-82

图 6-83

- 最大光子数：定义单位区域内的最大光子数量，然后根据单位区域内的光子数量来均分照明。较小的值不容易得到焦散效果；而较大的值会使焦散效果产生模糊现象。图 6-84 和图 6-85 所示分别为 "最大光子数" 为 1 和 200 时的对比渲染效果。

图 6-84

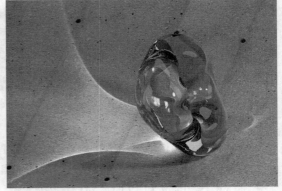

图 6-85

- 最大密度：控制光子的最大密度，默认值 0 表示使用 VRay 内部确定的密度，较小的值会让焦散效果比较锐利。图 6-86 和图 6-87 所示分别为 "最大密度" 为 0.01mm 和 5mm 时的对比渲染效果。

图 6-86

图 6-87

6.3.3 VR_设置

"VR_设置"选项卡下包含 3 个卷展栏，分别是"DMC 采样器"、"默认置换"和"系统"卷展栏，如图 6-88 所示。

图 6-88

1. DMC 采样器卷展栏

"DMC 采样器"卷展栏下的参数可以用来控制整体的渲染质量和速度，其参数设置面板如图 6-89 所示。

图 6-89

【参数详解】

- 自适应数量：主要用来控制自适应的百分比。
- 噪波阈值：控制渲染中所有产生噪点的极限值，包括灯光细分、抗锯齿等。数值越小，渲染品质越高，渲染速度就越慢。
- 独立时间：控制是否在渲染动画时对每一帧都使用相同的"DMC 采样器"参数设置。
- 最少采样：设置样本及样本插补中使用的最少样本数量。数值越小，渲染品质越低，速度就越快。
- 全局细分倍增器：VRay 渲染器有很多"细分"选项，该选项是用来控制所有细分的百分比。
- 采样器路径：设置样本路径的选择方式，每种方式都会影响渲染速度和品质，在一般情况下选择默认方式即可。

2. 默认置换卷展栏

"默认置换"卷展栏下的参数是用灰度贴图来实现物体表面的凸凹效果。它对材质中的置换起作用，而不作用于物体表面，其参数设置面板如图 6-90 所示。

图 6-90

【参数详解】

- 覆盖 Max 的设置：控制是否用"默认置换"卷展栏下的参数来替代 3ds Max 中的置换参数。
- 边长度：设置 3D 置换中产生最小的三角面长度。数值越小，精度越高，渲染速度越慢。
- 视口依赖：控制是否将渲染图像中的像素长度设置为"边长度"的单位。若不开启该选项，系统将以 3ds Max 中的单位为准。
- 最大细分：设置物体表面置换后可产生的最大细分值。
- 数量：设置置换的强度总量。数值越大，置换效果越明显。
- 相对于边界框：控制是否在置换时关联（缝合）边界。若不开启该选项，在物体的转角处可能会产生裂面现象。
- 紧密界限：控制是否对置换进行预先计算。

3. 系统卷展栏

"系统"卷展栏下的参数不仅对渲染速度有影响，而且还会影响渲染的显示和提示功能，同时还可以完成联机渲染，其参数设置面板如图 6-91 所示。

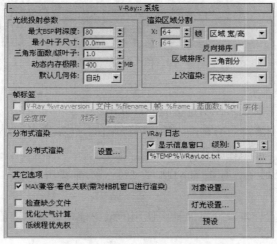

图 6-91

【参数详解】

① 光线投射参数组。

- 最大 BSP 树深度：控制根节点的最大分支数量。较高的值会加快渲染速度，同时会占用较多的内存。

- 最小叶子尺寸：控制叶节点的最小尺寸，当达到叶节点尺寸以后，系统停止计算场景。0 表示考虑计算所有的叶节点，这个参数对速度的影响不大。
- 三角形面数/级叶子：控制一个节点中的最大三角面数量。当未超过临近点时计算速度较快；当超过临近点以后，渲染速度会减慢。所以，这个值要根据不同的场景来设定，进而提高渲染速度。
- 动态内存极限：控制动态内存的总量。注意，这里的动态内存被分配给每个线程，如果是双线程，那么每个线程各占一半的动态内存。如果这个值较小，那么系统经常在内存中加载并释放一些信息，这样就减慢了渲染速度。用户应该根据自己的内存情况来确定该值。
- 默认几何体：控制内存的使用方式，共有以下 3 种方式。
- 自动：VRay 会根据使用内存的情况自动调整使用静态或动态的方式。
- 静态：在渲染过程中采用静态内存会加快渲染速度，同时在复杂场景中，由于需要的内存资源较多，经常会出现 3ds Max 跳出的情况。这是因为系统需要更多的内存资源，这时应该选择动态内存。
- 动态：使用内存资源交换技术，当渲染完一个块后就会释放占用的内存资源，同时开始下个块的计算。这样就有效地扩展了内存的使用。注意，动态内存的渲染速度比静态内存慢。

② 渲染区域分割组。

- X：当在后面的列表中选择"区域宽/高"时，它表示渲染块的像素宽度；当后面的选择框里选择"区域数量"时，它表示水平方向一共有多少个渲染块。
- Y：当后面的列表中选择"区域 宽/高"时，它表示渲染块的像素高度；当后面的选择框里选择"区域数量"时，它表示垂直方向一共有多少个渲染块。
- 锁：当单击该按钮使其凹陷后，将强制 x 和 y 的值相同。
- 反向排序：当勾选该选项以后，渲染顺序将和设定的顺序相反。
- 区域排序：控制渲染块的渲染顺序，共有以下 6 种方式。
- 从上→下：渲染块将按照从上到下的渲染顺序渲染。
- 从左→右：渲染块将按照从左到右的渲染顺序渲染。
- 棋盘格：渲染块将按照棋格方式的渲染顺序渲染。
- 螺旋：渲染块将按照从里到外的渲染顺序渲染。
- 三角剖分：这是 VRay 默认的渲染方式，它将图形分为两个三角形依次进行渲染。
- 希耳伯特曲线：渲染块将按照"希耳伯特曲线"方式的渲染顺序渲染。
- 上次渲染：这个参数确定在渲染开始的时候，在 3ds Max 默认的帧缓存框中以什么样的方式处理先前的渲染图像。这些参数的设置不会影响最终渲染效果，系统提供了以下 5 种方式。
- 不改变：与前一次渲染的图像保持一致。
- 交叉：每隔 2 个像素图像被设置为黑色。
- 区域：每隔一条线设置为黑色。
- 暗色：图像的颜色设置为黑色。
- 蓝色：图像的颜色设置为蓝色。

③ 帧标签组。

- ☑ V-Ray %vrayversion | 文件: %filename | 帧: %frame | 基面数: %pri：当勾选该选项后，就可以显示水印。

- 字体 字体：修改水印里的字体属性。

- 全宽度：水印的最大宽度。当勾选该选项后，它的宽度和渲染图像的宽度相当。

- 对齐：控制水印里的字体排列位置，有"左"、"中"、"右"3 个选项。

④ 分布式渲染组。

- 分布式渲染：当勾选该选项后，可以开启"分布式渲染"功能。

- 设置 设置...：控制网络中的计算机的添加、删除等。

⑤ VRay 日志组。

- 显示信息窗口：勾选该选项后，可以显示"VRay 日志"的窗口。

- 级别：控制"VRay 日志"的显示内容，一共分为 4 个级别。1 表示仅显示错误信息；2 表示显示错误和警告信息；3 表示显示错误、警告和情报信息；4 表示显示错误、警告、情报和调试信息。

- c:\VRayLog.txt ...：可以选择保存"VRay 日志"文件的位置。

⑥ 其他选项组。

- MAX 兼容—着色关联（需对相机窗口进行渲染）：有些 3ds Max 插件（例如大气等）是采用摄影机空间来进行计算的，因为它们都是针对默认的扫描线渲染器而开发。为了保持与这些插件的兼容性，VRay 通过转换来自这些插件的点或向量的数据，模拟在摄影机空间计算。

- 检查缺少文件：当勾选该选项时，VRay 会自己寻找场景中丢失的文件，并将它们进行列表，然后保存到 C:\VRayLog.txt 中。

- 优化大气计算：当场景中拥有大气效果，并且大气比较稀薄的时候，勾选这个选项可以得到比较优秀的大气效果。

- 低线程优先权：当勾选该选项时，VRay 将使用低线程进行渲染。

- 对象设置 对象设置...：单击该按钮会弹出"VRay 对象属性"对话框，在该对话框中可以设置场景物体的局部参数。

- 灯光设置 灯光设置...：单击该按钮会弹出"VRay 光源属性"对话框，在该对话框中可以设置场景灯光的一些参数。

- 预设 预设：单击该按钮会打开"VRay 预置"对话框，在该对话框中可以保持当前 VRay 渲染参数的各种属性，方便以后调用。

【课堂举例】——餐厅夜景表现

【案例学习目标】学习室内餐厅夜景灯光的布置方法以及窗帘材质、桌布材质的制作方法，如图 6-92 所示。

【案例知识要点】3ds Max/VRay 的材质、灯光、渲染功能综合运用。

【素材文件位置】第 6 章/素材文件/课堂举例——餐厅夜景表现.max。

【案例文件位置】第 6 章/案例文件/课堂举例——餐厅夜景表现/案例文件.max。

【视频教学位置】第 6 章/视频教学/课堂举例——餐厅夜景表现.flv。

图 6-92

由于篇幅的原因，这里只给出了渲染参数的设置方法，完整的制作流程请参看视频教学，设置渲染参数的时候请读者打开案例文件进行设置。

【操作步骤】

（1）按 F10 键打开"渲染设置"对话框，然后设置渲染器为 VRay 渲染器，接着单击"公用"选项卡，最后在"公用参数"卷展栏下设置"宽度"为 2665、"高度"为 2000，并锁定图像的纵横比，如图 6-93 所示。

（2）单击"VR_基项"选项卡，然后在"图像采样器（抗锯齿）"卷展栏下设置"图像采样器"的"类型"为"自适应 DMC"，接着设置"抗锯齿过滤器"为 Catmull-Rom，最后在"颜色映射"卷展栏下设置"类型"为"VR_线性倍增"，并勾选"子像素映射"和"钳制输出"选项，具体参数设置如图 6-94 所示。

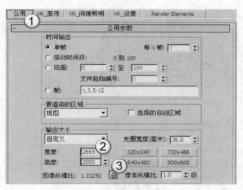
图 6-93

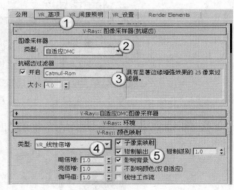
图 6-94

（3）单击"VR_间接照明"选项卡，然后在"间接照明（全局照明）"卷展栏下勾选"开启"选项，接着设置"首次反弹"的"全局光引擎"为"发光贴图"、"二次反弹"的"全局光引擎"为"灯光缓存"，如图 6-95 所示。

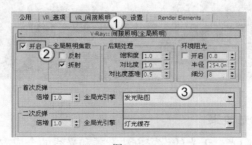
图 6-95

（4）展开"发光贴图"卷展栏，然后设置"当前预置"为"低"，接着设置"半球细分"为 50、"插值采样值"为 20，最后在勾选"显示计算过程"和"显示直接照明"选项，如图 6-96 所示。

（5）展开"灯光缓存"卷展栏，然后设置"细分"为 1000，接着勾选"显示计算状态"选项，如图 6-97 所示。

图 6-96

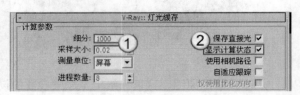
图 6-97

（6）单击"VR_设置"选项卡，然后在"系统"卷展栏下设置"区域排序"为"从上→下"，接着关闭"显示信息窗口"选项，如图 6-98 所示。

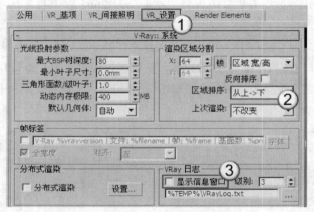
图 6-98

（7）按 F9 键渲染当前场景，最终效果如图 6-99 所示。

图 6-99

【课堂练习】——客厅日光效果

【案例学习目标】学习阳光、天光的设置方法及柔和光线的合成方法，如图 6-100 所示。

【案例知识要点】3ds Max/VRay 的材质、灯光、渲染功能综合运用，以及后期处理技法。

【素材文件位置】第 6 章/素材文件/课堂练习——客厅日光效果.max。

【案例文件位置】第 6 章/案例文件/课堂练习——客厅日光效果/案例文件.max。

【视频教学位置】第 6 章/视频教学/课堂练习——客厅日光效果.flv。

图 6-100

6.4 本章小结

　　设置渲染参数是渲染输出阶段必做的工作。对于一张效果图来讲，做好模型、材质、灯光这些工作还不足以保证输出高质量的图像，还需要通过设置渲染参数来进行调整。渲染参数的设置是有规律可循的，并不是每一次项目都要设置完全不一样的参数，绝大多数效果图输出都会用到相同的参数设置，关于这一点大家可以在本书的案例中进行体会。

【课后习题 1】——更衣室日光效果

【案例学习目标】学习开放式空间的白天日光效果的表现技法，如图 6-101 所示。

【案例知识要点】练习 VRay 灯光、VRay 材质和 VRay 渲染参数的设置方法。

【素材文件位置】第 6 章/素材文件/课后习题 1——更衣室日光效果.max。

【案例文件位置】第 6 章/案例文件/课后习题 1——更衣室日光效果/案例文件.max。

【视频教学位置】第 6 章/视频教学/课后习题 1——更衣室日光效果.flv。

图 6-101

【课后习题 2】——客房夜景效果

【案例学习目标】学习封闭空间的夜景表现技法，如图 6-102 所示。

【案例知识要点】练习 VRay 灯光、VRay 材质和 VRay 渲染参数的设置方法。

【素材文件位置】第 6 章/素材文件/课后习题 2——客房夜景效果.max。

【案例文件位置】第 6 章/案例文件/课后习题 2——客房夜景效果/案例文件.max。

【视频教学位置】第 6 章/视频教学/课后习题 2——客房夜景效果.flv。

图 6-102

第7章
Photoshop 后期处理技法

本章主要讲解 Photoshop 后期处理技法，包括调整图像的亮度、调整画面层次、调整图像清晰度、调整画面色彩、用混合模式调整画面以及为图像添加环境，这些都是后期处理中最为常用的方法。Photoshop 后期处理的核心是调整，就是对画面的色彩、明暗度、灰度、冷暖度等进行调整，一般很少对画面内容进行改动。

课堂学习目标

- 学习调整图像亮度的方法
- 学习调整画面层次的方法
- 学习调整图像清晰度的方法
- 图层混合模式的应用
- 添加环境或配景的方法

7.1　调整亮度

后期处理是效果图制作中非常关键的一步，这个环节相当重要，在一般情况下都是使用 Adobe 公司的 Photoshop 来进行后期处理。所谓后期处理就是对图像进行修饰，将效果图在渲染中不能实现的效果在后期处理中完美地体现出来。

首先讲解在 Photoshop 中使用曲线来调整画面的亮度。

【课堂举例】——使用曲线调整图像的亮度

【案例学习目标】学习如何使用"曲线"命令调整图像的亮度，如图 7-1 所示。

【案例知识要点】"曲线"工具的用法。

【案例文件位置】第 7 章/案例文件/课堂举例——使用曲线调整图像的亮度.psd。

【视频教学位置】第 7 章/视频教学/课堂举例——使用曲线调整图像的亮度.flv。

图 7-1

【操作步骤】

（1）启动 Photoshop，然后按 Ctrl+O 组合键打开光盘中的"第 7 章/素材文件/课堂举例——使用曲线调整图像的亮度.bmp"文件，如图 7-2 所示，打开后的界面效果如图 7-3 所示。

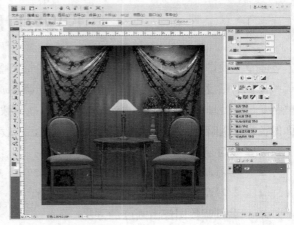

图 7-2　　　　　　　　　　　　　　图 7-3

> **技巧与提示**
>
> 在 Photoshop 中打开文件共有以下 3 种方法。
> 第 1 种：按 Ctrl+O 组合键。
> 第 2 种：执行"文件/打开"菜单命令。
> 第 3 种：直接将文件拖曳到操作界面中。

（2）在"图层"调板中选择"背景"图层，然后单击鼠标右键，接着在弹出的菜单中选择"复制图层"命令，最后在弹出的对话框中单击"确定"按钮，如图 7-4 所示，复制图层的"图层"调板如图 7-5 所示。

图 7-4　　　　　　　　　　　　　　图 7-5

> **技巧与提示**
>
> 在实际工作中，为了节省操作时间，一般都使用快捷键来进行操作，复制图层的快捷键为 Ctrl+J 组合键。

（3）执行"图像/调整/曲线"菜单命令或按 Ctrl+M 组合键，打开"曲线"对话框，如图 7-6 所示。

（4）在"曲线"对话框中将曲线调整成弧形，同时要在操作界面中观察图像的变化，调整好曲线后单击"确定"按钮完成操作，如图 7-7 所示。

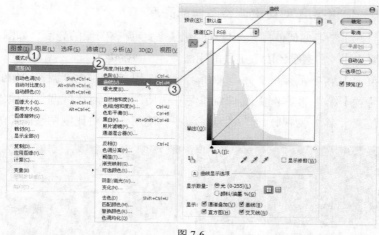

图 7-6

图 7-7

（5）执行"文件/存储为"菜单命令或按 Shift+Ctrl+S 组合键，打开"存储为"对话框，然后调整好图像命名为"01"，并设置存储格式为.bmp 格式，如图 7-8 所示，最终效果如图 7-9 所示。

图 7-8

图 7-9

【课堂练习】——使用亮度/对比度调整图像的亮度

【案例学习目标】学习如何使用"亮度/对比度"命令调整图像的亮度，如图 7-10 所示。

【案例知识要点】"亮度/对比度"工具的用法。

【素材文件位置】第 7 章/素材文件/课堂练习——使用亮度/对比度调整图像的亮度.bmp。

【案例文件位置】第 7 章/案例文件/课堂练习——使用亮度/对比度调整图像的亮度.psd。

【视频教学位置】第 7 章/视频教学/课堂练习——使用亮度/对比度调整图像的亮度.flv。

图 7-10

7.2　调整画面层次

画面的层次直接影响到画面的效果，因此有必要通过色阶和曲线来调整画面的层次。

【课堂举例】——使用色阶调整图像的层次感

【案例学习目标】学习如何使用"色阶"命令调整图像的层次感，如图 7-11 所示。

【案例知识要点】"色阶"工具的用法。

【案例文件位置】第 7 章/案例文件/课堂举例——使用色阶调整图像的层次感.psd。

【视频教学位置】第 7 章/视频教学/课堂举例——使用色阶调整图像的层次感.flv。

图 7-11

【操作步骤】

（1）打开光盘中的"第 7 章/素材文件/课堂举例——使用色阶调整图像的层次感.bmp"文件，如图 7-12 所示。

图 7-12

（2）执行"图像/调整/色阶"菜单命令或按 Ctrl+L 组合键，打开"色阶"对话框，然后设置"输入色阶"的"灰度色阶"为 0.7，如图 7-13 所示，调整后的效果如图 7-14 所示。

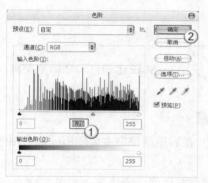

图 7-13

图 7-14

（3）再次执行"图像/调整/色阶"菜单命令或按 Ctrl+L 组合键，打开"色阶"对话框，然后设置"输入色阶"的"灰度色阶"为 0.77，接着设置"输出色阶"的"白色色阶"为 239，如图 7-15 所示，最终调整后的效果如图 7-16 所示。

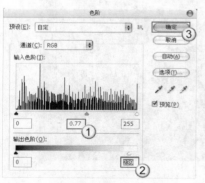

图 7-15

图 7-16

【课堂练习】——使用曲线调整图像的层次感

【案例学习目标】学习如何使用"曲线"命令调整图像的层次感，如图 7-17 所示。

【案例知识要点】"曲线"工具的用法。

【素材文件位置】第 7 章/素材文件/课堂练习——使用曲线调整图像的层次感.bmp。

【案例文件位置】第 7 章/案例文件/课堂练习——使用曲线调整图像的层次感.psd。

【视频教学位置】第 7 章/视频教学/课堂练习——使用曲线调整图像的层次感.flv。

图 7-17

7.3　调整图像清晰度

清晰的画面效果更能引起注意，留下深刻的印象。使用 USM 锐化和自动修缮调整画面的清晰度。

【课堂举例】——使用 USM 锐化调整图像的清晰度

图像的清晰度在 VRay 中是用抗锯齿功能来完成的，在后期调整中主要使用一些常用的锐化滤镜来进行调整。

【案例学习目标】学习如何使用"USM 锐化"滤镜调整图像的清晰度，如图 7-18 所示。

【案例知识要点】"USM 锐化"工具的用法。

【案例文件位置】第 7 章/案例文件/课堂举例——使用 USM 锐化调整图像的清晰度.psd。

【视频教学位置】第 7 章/视频教学/课堂举例——使用 USM 锐化调整图像的清晰度.flv。

图 7-18

【操作步骤】

（1）打开光盘中的"第 7 章/素材文件/课堂举例——使用 USM 锐化调整图像的清晰度.bmp"文件，如图 7-19 所示。

（2）执行"滤镜/锐化/USM 锐化"菜单命令，然后在弹出的"USM 锐化"对话框中设置"数量"为 125%、"半径"为 2.8 像素，如图 7-20 所示，锐化后的图片效果如图 7-21 所示。

图 7-19 · · · · · · · · · · · 图 7-20 · · · · · · · · · · · 图 7-21

【课堂练习】——使用自动修缮调整图像的清晰度

【案例学习目标】学习如何使用"自动修缮"滤镜调整图像的清晰度，如图 7-22 所示。

【案例知识要点】"自动修缮"工具的用法。

【素材文件位置】第 7 章/素材文件/课堂练习——使用自动修缮调整图像的清晰度.bmp。

【案例文件位置】第 7 章/案例文件/课堂练习——使用自动修缮调整图像的清晰度.psd。

【视频教学位置】第 7 章/视频教学/课堂练习——使用自动修缮调整图像的清晰度.flv。

图 7-22

技巧与提示

图像的清晰度设置尽量在渲染中完成，因为 Photoshop 是一个二维图像处理软件，没有三维软件中的空间分析。在 VRay 中一般使用抗锯齿来设置图像的清晰度，同时也可以在 VRay 材质的贴图通道中改变"模糊"值来完成，如图 7-23 所示。

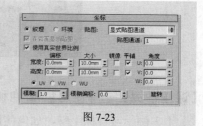

图 7-23

7.4 调整画面色彩

画面色彩的冷暖和明暗代表着不同的风格以及喜好。使用自动颜色、色相/饱和度和智能色彩来调整画面色彩。

【课堂举例】——使用自动颜色调整图像的色彩

图像给人的第一视觉印象就是色彩，色彩是人们判断图像美感的主要依据。图像色彩的调整主要考虑两个方面，一个是图像是否存在偏色问题，另一个是色彩是否过艳和过淡。

【案例学习目标】学习如何使用"自动颜色"命令调整图像的色彩，如图 7-24 所示。

【案例知识要点】"自动颜色"工具的用法。

【案例文件位置】第 7 章/案例文件/课堂举例——使用自动颜色调整图像的色彩.psd。

【视频教学位置】第 7 章/视频教学/课堂举例——使用自动颜色调整图像的色彩.flv。

图 7-24

【操作步骤】

（1）打开光盘中的"第 7 章/素材文件/课堂举例——使用自动颜色调整图像的色彩.bmp"文件，如图 7-25 所示，从图中可以观察到图像的色彩偏绿。

（2）执行"图像/自动颜色"菜单命令，此时系统会根据当前图像的色彩进行自动调整，效果如图 7-26 所示。

图 7-25　　　　　　　　　　　　　　　　图 7-26

【课堂举例】——使用色相/饱和度调整图像的色彩

【案例学习目标】学习如何使用"色相/饱和度"命令调整图像的清晰度，如图 7-27 所示。

图 7-27

【案例知识要点】"色相/饱和度"工具的用法。

【案例文件位置】第 7 章/案例文件/课堂举例——使用色相/饱和度调整图像的色彩.psd。

【视频教学位置】第 7 章/视频教学/课堂举例——使用色相/饱和度调整图像的色彩.flv。

【操作步骤】

（1）打开光盘中的"第 7 章/素材文件/课堂举例——使用色相/饱和度调整图像的色彩.bmp"文件，如图 7-28 所示，从图中可以观察到图像的色彩偏淡。

（2）执行"图像/调整/色相饱和度"菜单命令，然后在弹出的"色相饱和度"对话框中设置"饱和度"为 50，如图 7-29 所示，调整后的效果如图 7-30 所示。

图 7-28　　　　　　　　　　图 7-29　　　　　　　　　　图 7-30

【课堂练习】——使用智能色彩还原调整图像的色彩

【案例学习目标】学习如何使用"智能色彩还原"滤镜调整图像的清晰度，如图 7-31 所示。

【案例知识要点】"智能色彩还原"工具的用法。

【素材文件位置】第 7 章/素材文件/课堂练习——使用智能色彩还原调整图像的色彩.bmp。

【案例文件位置】第 7 章/案例文件/课堂练习——使用智能色彩还原调整图像的色彩.psd。

【视频教学位置】第 7 章/视频教学/课堂练习——使用智能色彩还原调整图像的色彩.flv。

图 7-31

技巧与提示

　　在效果图中表现图像的视觉中心是很重要的，可以先选择视觉中心点，然后对其进行相应的色彩调整，或加深色彩，或减淡色彩。图 7-32 为调整视觉中心点沙发区域前后的效果对比。

图 7-32

7.5 用混合模式调整画面

图层的混合模式在效果图中使用的非常频繁。混合模式主要用来调整图像的细节效果，也可以用来调整图像整体或局部的明暗及色彩关系。

【课堂举例】——使用正片叠底调整过亮的图像

【案例学习目标】学习如何使用"正片叠底"模式调整过亮的图像，如图 7-33 所示。

【案例知识要点】"正片叠底"工具的用法。

【案例文件位置】第 7 章/案例文件/课堂举例——使用正片叠底调整过亮的图像.psd。

【视频教学位置】第 7 章/视频教学/课堂举例——使用正片叠底调整过亮的图像.flv。

图 7-33

【操作步骤】

（1）打开光盘中的"第 7 章/素材文件/课堂举例——使用正片叠底调整过亮的图像.bmp"文件，如图 7-34 所示，可以观察到图像的暗部（阴影）区域并不明显。

（2）按 Ctrl+J 组合键将"背景"图层复制一层，得到"图层 1"，如图 7-35 所示。

图 7-34   图 7-35

（3）在"图层"调板中设置"图层 1"的"混合模式"为"正片叠底"，然后设置"不透明度"为 38%，如图 7-36 所示，正片叠底后的图片效果如图 7-37 所示。

图 7-36　　　　　　　　　　　　　　　　图 7-37

【课堂举例】——使用滤色调整图像过暗的区域

　　【案例学习目标】学习如何使用"滤色"模式调整过暗的图像，如图 7-38 所示。

　　【案例知识要点】"滤色"工具的用法。

　　【案例文件位置】第 7 章/案例文件/课堂举例——使用滤色调整图像过暗的区域.psd。

　　【视频教学位置】第 7 章/视频教学/课堂举例——使用滤色调整图像过暗的区域.flv。

图 7-38

【操作步骤】

　　（1）打开光盘中的"第 7 章/素材文件/课堂举例——使用滤色调整图像过暗的区域.bmp"文件，如图 7-39 所示，可以观察到图像的亮部区域并不明显。

图 7-39

　　（2）按 Ctrl+J 组合键将"背景"图层复制一层，得到"图层 1"，然后设置"图层 1"的"混合模式"为"滤色"，接着设置该图层的"不透明度"为 60%，如图 7-40 所示，滤色后的图片效果如图 7-41 所示。

图 7-40

图 7-41

【课堂练习】——使用叠加添加光晕光效

【案例学习目标】学习如何使用"叠加"模式添加光晕光效，如图 7-42 所示。

【案例知识要点】"叠加"工具的用法。

【素材文件位置】第 7 章/素材文件/课堂练习——使用叠加添加光晕光效.bmp。

【案例文件位置】第 7 章/案例文件/课堂练习——使用叠加添加光晕光效.psd。

【视频教学位置】第 7 章/视频教学/课堂练习——使用叠加添加光晕光效.flv。

图 7-42

> **技巧与提示**
>
> 　　光晕效果也可以使用"混合"模式中的"颜色减淡"和"线性减淡"模式来完成。

7.6　添加环境

　　一张完美的效果图，不但要求能突出特点，更需要有合理的室外环境与之搭配。为效果图添加室外环境主要表现在窗口或幕墙位置，能够透过玻璃看到外景。

【课堂举例】——添加室外环境

【案例学习目标】学习如何添加室外环境，如图 7-43 所示。

【案例知识要点】"快速选择工具"及"图层蒙版"的用法。

【案例文件位置】第 7 章/案例文件/课堂举例——添加室外环境.psd。

【视频教学位置】第 7 章/视频教学/课堂举例——添加室外环境.flv。

图 7-43

【操作步骤】

（1）打开光盘中的"第 7 章/素材文件/课堂举例——添加室外环境（1）.bmp"文件，如图 7-44 所示，可以观察窗外没有室外环境。

（2）打开光盘中的"第 7 章/素材文件/课堂举例——添加室外环境（2）.bmp"文件，然后将其拖曳到上一步打开的图像上面，得到"图层 1"，如图 7-45 所示。

图 7-44

图 7-45

（3）选择"背景"图层，然后在"工具箱"中单击"快速选择工具"按钮 ✎，接着勾选出窗口区域，如图 7-46 所示。

图 7-46

技巧与提示

勾选选区的时候一定要仔细，只勾选出窗口区域，窗框不要勾选。在使用选区工具勾选选区时，按住 Shift 键的同时可以加选选区，按住 Alt 键的同时可以减选选区。

（4）选择"图层 1"，然后在"图层"调板下面单击"添加图层蒙版"按钮 ▢，为该图层添加一个选区蒙版，隐藏掉选区之外的区域，如图 7-47 所示。

（5）设置"图层 1"的"不透明度"为 61%，最终效果如图 7-48 所示。

图 7-47   图 7-48

【课堂练习】——合成体积光

【案例学习目标】学习如何使用"多边形套索工具"合成体积光，如图 7-49 所示。

【案例知识要点】"多边形套索工具"的用法。

【素材文件位置】第 7 章/素材文件/课堂练习——合成体积光.bmp。

【案例文件位置】第 7 章/案例文件/课堂练习——合成体积光.psd。

【视频教学位置】第 7 章/视频教学/课堂练习——合成体积光.flv。

图 7-49

> **技巧与提示**
>
> 在 3ds Max 中，体积光是在"环境和效果"对话框中进行添加的。添加体积光后，渲染速度会变慢很多，因此在制作大场景时，最好在后期中添加体积光。

7.7 本章小结

后期处理是效果图制作中比较重要的流程，渲染出图后通常都会用 Photoshop 调整一下。直接渲染出来的图在灰度、亮度和色彩这几个方面都会有一些不足，所以需要使用 Photoshop 来进行改善。因此大家一定不能忽视 Photoshop 的重要性。

【课后习题 1】——使用照片滤镜统一画面色调

【案例学习目标】学习如何使用"照片滤镜"调整图层统一画面色调，如图 7-50 所示。

【案例知识要点】"照片滤镜"的用法。

【素材文件位置】第 7 章/素材文件/课后习题 1——使用照片滤镜统一画面色调.bmp。

【案例文件位置】第 7 章/案例文件/课后习题 1——使用照片滤镜统一画面色调.psd。

【视频教学位置】第 7 章/视频教学/课后习题 1——使用照片滤镜统一画面色调.flv。

图 7-50

【课后习题 2】——使用色相制作四季效果

【案例学习目标】学习如何使用"色相"模式制作四季效果，如图 7-51 所示。

【案例知识要点】"色相"工具的用法。

【素材文件位置】第 7 章/素材文件/课后习题 2——使用色相制作四季效果.bmp。

【案例文件位置】第 7 章/案例文件/课后习题 2——使用色相制作四季效果.psd。

【视频教学位置】第 7 章/视频教学/课后习题 2——使用色相制作四季效果.flv。

图 7-51

第8章
商业效果图制作实训

在前面的课程中，我们分别学习了室内效果图制作各个阶段需要掌握的技术，包括建模、摄像机、材质、灯光、渲染输出和后期处理，只有熟练掌握这些技术并融会贯通才能真正应用于实际商业效果图制作。为了让学生能够学以致用，本章准备了两个综合案例进行教学，主要目的就是向学生展示实际工作中的室内效果图制作流程和基本思路。

课堂学习目标

- 熟悉商业效果图制作的基本流程
- 掌握一些常用家具的建模方法
- 掌握常用设计材质的制作方法
- 掌握白天效果和夜景效果的不同布光方式
- 掌握渲染输出参数的设置方法

8.1 简约卧室的柔和阳光表现

8.1.1 实例解析

本案例是一个现代简约设计风格的卧室，这是当前比较流行的室内设计风格之一，这种设计风格在商业效果图制作中要占很大的比重。在案例的制作过程中，我们重点讲解了建模、材质、灯光等主要流程。由于篇幅的限制，建模部分仅仅讲述了个别家具的制作，而在实际工作中是需要构建完整的场景模型。

【案例学习目标】掌握室内效果图制作的完整流程，案例效果如图 8-1 所示。

【案例知识要点】地毯材质、窗纱材质和环境材质的制作方法，柔和阳光的布置方法。

【案例文件位置】第 8 章/案例文件/简约卧室的柔和阳光表现/案例文件.max。

【视频教学位置】第 8 章/视频教学/简约卧室的柔和阳光表现.flv。

图 8-1

8.1.2 设置系统参数

在制作效果图之前，首先要设置的就是系统参数，比如场景单位、捕捉设置等。

（1）执行"自定义>单位设置"菜单命令，打开"单位设置"对话框，然后设置"显示单位比例"为"公制"，接着设置公制单位为"毫米"，如图 8-2 所示。

（2）在"单位设置"对话框中单击"系统单位设置"按钮 系统单位设置 ，打开"系统单位设置"对话框，然后设置"系统单位比例"为"1 单位=1 毫米"，如图 8-3 所示。

图 8-2   图 8-3

（3）用鼠标右键单击"主工具栏"中的"捕捉开关"按钮，然后在弹出的"栅格和捕捉设置"对话框中单击"捕捉"选项卡，接着勾选"顶点"、"端点"和"中点"选项，如图 8-4 所示。

（4）在"栅格和捕捉设置"对话框中单击"选项"选项卡，然后勾选"捕捉到冻结对象"和"使用轴约束"选项，如图 8-5 所示。

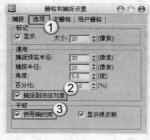

图 8-4   图 8-5

8.1.3 制作躺椅模型

本例的难点模型是一个躺椅模型，如图 8-6 所示。

图 8-6

1. 创建扶手与靠背

（1）使用"线"工具 ▭ 线 ▭ 在前视图中绘制两条如图 8-7 所示的样条线。

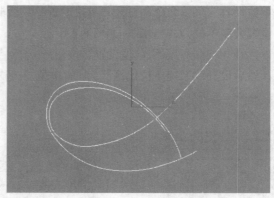

图 8-7

（2）选择样条线，然后在"渲染"卷展栏下勾选"在渲染中启用"和"在视口中启用"选项，接着勾选"矩形"选项，最后设置"长度"为 18mm、"宽度"为 4.06mm，具体参数设置如图 8-8 所示，效果如图 8-9 所示。

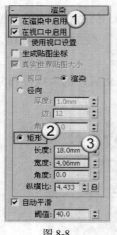

图 8-8

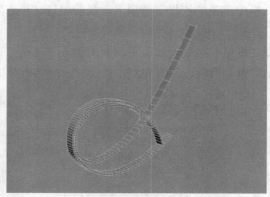

图 8-9

（3）按住 Shift 键用"选择并移动"工具 ✛ 在左视图中将模型移动复制一份，如图 8-10 所示。

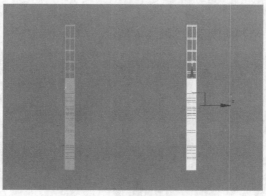

图 8-10

（4）使用"线"工具 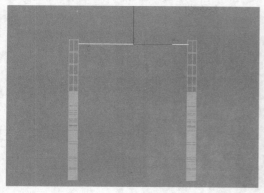 在左视图中绘制出一条如图 8-11 所示的样条线，然后在"渲染"卷展栏下勾选"在渲染中启用"和"在视口中启用"选项，接着勾选"矩形"选项，最后设置"长度"为 18mm、"宽度"为 4mm，效果如图 8-12 所示。

图 8-11

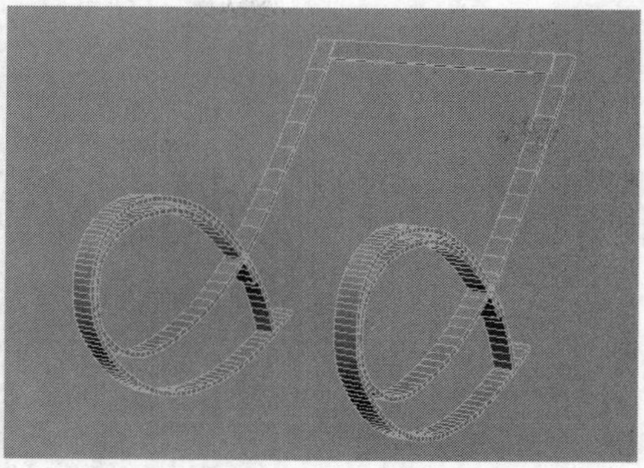

图 8-12

（5）按住 Shift 键用"选择并移动"工具 在将上一步创建的模型移动复制 3 个到图 8-13 所示的位置。

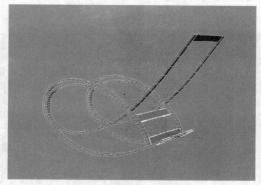

图 8-13

（6）使用"切角圆柱体"工具 在前视图中创建一个切角圆柱体，然后在"参数"卷展栏下设置"半径"为 5mm、"高度"为 230mm、"圆角"为 0.6mm、"高度分段"为 1、"圆角分段"为 2、"边数"为 24，具体参数设置如图 8-14 所示，模型位置如图 8-15 所示。

图 8-14

图 8-15

2. 创建座垫

（1）使用"平面"工具 [平面] 在顶视图中创建一个平面，然后在"参数"卷展栏下设置"长度"为 210mm、"宽度"为 330mm、"长度分段"和"宽度分段"为 4，具体参数设置及平面位置如图 8-16 所示。

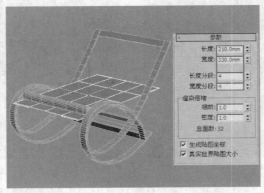

图 8-16

（2）将平面转换为可编辑多边形，进入"顶点"级别，然后在各个视图中将顶点调整成图 8-17 所示的效果。

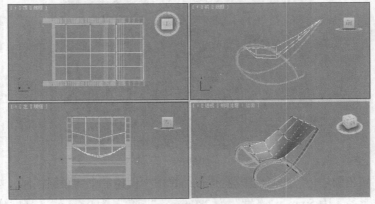

图 8-17

（3）为模型加载一个"涡轮平滑"修改器，然后在"涡轮平滑"卷展栏下设置"迭代次数"为 2，如图 8-18 所示。

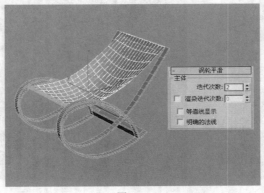

图 8-18

（4）再次将模型转换为可编辑多边形，进入"边"级别，然后选择如图 8-19 所示的边，接着在"编辑边"卷展栏下单击"切角"按钮 切角 后面的"设置"按钮◻，最后设置"边切角量"为 4mm，如图 8-20 所示。

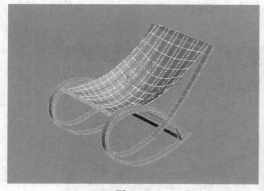

图 8-19

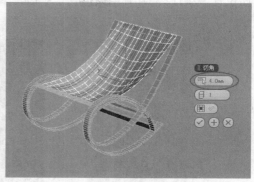

图 8-20

（5）进入"多边形"级别，然后选择图 8-21 所示的多边形，接着在"编辑多边形"卷展栏下单击"倒角"按钮 倒角 后面的"设置"按钮◻，最后设置"高度"为-3mm、"轮廓"为-2mm，如图 8-22 所示。

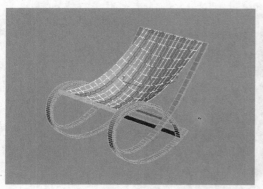

图 8-21

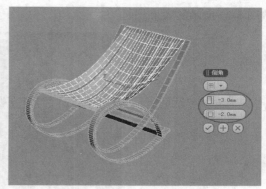

图 8-22

（6）为模型加载一个"壳"修改器，然后在"参数"卷展栏下设置"内部量"为 7mm，如图 8-23 所示，接着为模型加载一个"涡轮平滑"修改器，最后在"涡轮平滑"卷展栏下设置"迭代次数"为 1，如图 8-24 所示。

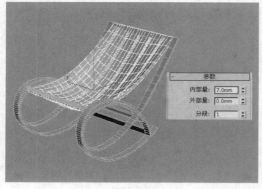

图 8-23

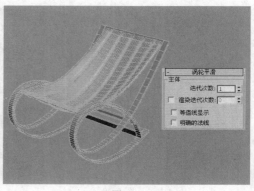

图 8-24

（7）使用"管状体"工具 管状体 在前视图中创建一个管状体，然后在"参数"卷展栏下设置"半径 1"为 35mm、"半径 2"为 10mm、"高度"为 250mm、"高度分段"为 1、"端面分段"为 1、"边数"为 3、接着关闭"平滑"选项、再勾选"启用切片"选项，最后设置"切片起始位置"为 112、"切片结束位置"为 190，具体参数设置如图 8-25 所示，管状体位置如图 8-26 所示。

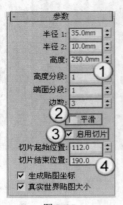
图 8-25

图 8-26

（8）将管状体转换为可编辑多边形，然后进入"顶点"级别，接着在前视图中将顶点调整成图 8-27 所示的效果。

图 8-27

（9）进入"边"级别，然后选择图 8-28 所示的边，接着在"编辑边"卷展栏下单击"切角"按钮 切角 后面的"设置"按钮，最后设置"边切角量"为 1mm，如图 8-29 所示。

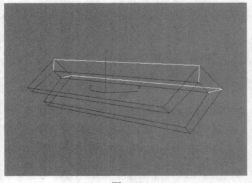
图 8-28

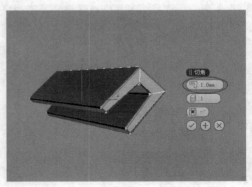
图 8-29

（10）为模型加载一个"涡轮平滑"修改器，然后在"涡轮平滑"卷展栏下设置"迭代次数"为 2，如图 8-30 所示。

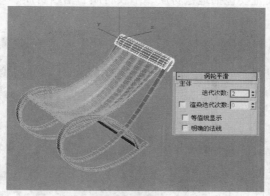

图 8-30

（11）将模型转换为可编辑多边形，进入"边"级别，然后选择图 8-31 所示的边，接着在"编辑边"卷展栏下单击"利用所选内容创建图形"按钮 利用所选内容创建图形，最后在弹出的对话框中设置"图形类型"为"线性"，如图 8-32 所示。

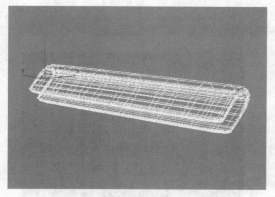

图 8-31

图 8-32

（12）选择"图形 001"，然后在"渲染"卷展栏下勾选"在渲染中启用"和"在视口中启用"选项，接着设置"径向"的"厚度"为 0.6mm，效果如图 8-33 所示。

（13）采用相同的方法创建出躺椅的其他部分，躺椅模型最终效果如图 8-34 所示。

图 8-33

图 8-34

8.1.4 材质制作

本例的场景对象材质主要包括地毯材质、木纹材质、窗纱材质、环境材质、灯罩材质和白漆材质，如图 8-35 所示。

图 8-35

1. 制作地毯材质

地毯材质的模拟效果如图 8-36 所示。

（1）打开光盘中的"第 8 章/素材文件/简约卧室的柔和阳光表现.max"文件，如图 8-37 所示。

图 8-36

图 8-37

（2）选择一个空白材质球，然后设置材质类型为 VRayMtl 材质，并将其命名为"地毯"，接着展开"贴图"卷展栏，具体参数设置如图 8-38 所示，制作好的材质球效果如图 8-39 所示。

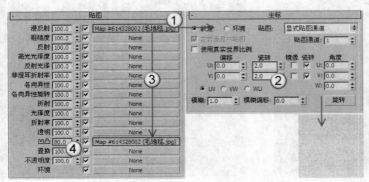

图 8-38

图 8-39

① 在"漫反射"贴图通道中加载一张光盘中的"实例文件>CH10>毛地毯.jpg"贴图文件，然后在"坐标"卷展栏下设置"瓷砖"的 U 和 V 为 2。

② 将"漫反射"通道中的贴图拖曳到"凹凸"贴图通道上，然后设置凹凸的强度为 80。

知识点——在视图中显示材质贴图

有时为了观察材质效果，需要在视图中进行查看。下面以这个地毯材质为例来介绍下如何在视图中显示出材质贴图效果。

第 1 步：制作好地毯材质以后选择地面模型，然后在"材质编辑器"对话框中单击"将材质指定给选定对象"按钮 🎱，效果如图 8-40 所示。从图中可以发现没有显示出贴图效果。

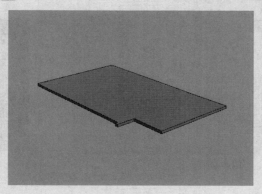

图 8-40

第 2 步：单击"漫反射"贴图通道，切换到位图设置面板，在该面板中有一个"视口中显示明暗处理材质"按钮 🌅，激活该按钮就可以在视图中显示出材质贴图效果，如图 8-41 和图 8-42 所示。

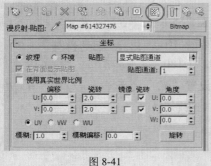

图 8-41

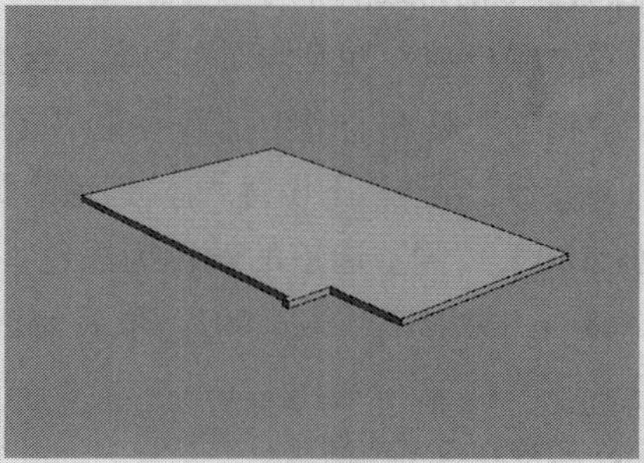

图 8-42

2. 制作木纹材质

木纹材质的模拟效果如图 8-43 所示。

选择一个空白材质球，然后设置材质类型为 VRayMtl 材质，并将其命名为"木纹"，具体参数设置如图 8-44 所示，制作好的材质球效果如图 8-45 所示。

① 在"漫反射"贴图通道中加载一张光盘中的"实例文件>CH10>木纹.jpg"贴图文件，然后在"坐标"卷展栏下设置"模糊"为 0.2。

② 设置"反射"颜色为（红:213，绿:213，蓝:213），然

图 8-43

后设置"反射光泽度"为 0.6,接着勾选"菲涅耳反射"选项。

③ 展开"贴图"卷展栏,然后将"漫反射"通道中的贴图拖曳到凹凸贴图通道上,接着设置凹凸的强度为 60。

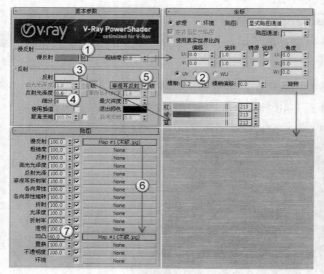

图 8-44

图 8-45

3. 制作窗纱材质

窗纱材质的模拟效果如图 8-46 所示。

选择一个空白材质球,设置材质类型为 VRayMtl 材质,并将其命名为"窗纱",具体参数设置如图 8-47 所示,制作好的材质球效果如图 8-48 所示。

① 设置"漫反射"颜色为(红:240,绿:250,蓝:255)。

② 在"折射"贴图通道中加载一张"衰减"程序贴图,然后在"衰减参数"卷展栏下设置"前"通道的颜色为(红:180,绿:180,蓝:180)、"侧"通道的颜色为黑色,接着设置"光泽度"为 0.88、"折射率"为 1.001,最后勾选"影响阴影"选项。

图 8-46

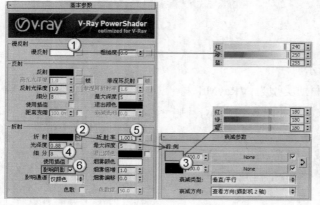

图 8-47

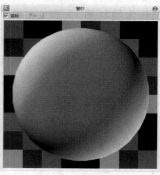

图 8-48

4. 制作环境材质

环境材质的模拟效果如图 8-49 所示。

选择一个空白材质球，然后设置材质类型为"VRay 发光材质"，并将其命名为"环境"，展开"参数"卷展栏，接着在"颜色"选项后面的通道中加载一张光盘中的"实例文件>CH10>环境.jpg"贴图文件，最后在"坐标"卷展栏下设置"模糊"为 0.01，具体参数设置如图 8-50 所示，制作好的材质球效果如图 8-51 所示。

图 8-49

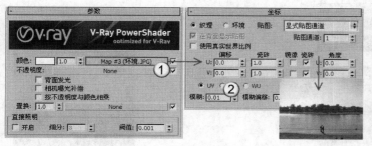

图 8-50

图 8-51

> **技巧与提示**
>
> 在制作环境时，一般都用"VRay 发光材质"来制作，因此这种材质具有类似于灯光的"照明"效果。

5. 制作灯罩材质

灯罩材质的模拟效果如图 8-52 所示。

选择一个空白材质球，设置材质类型为 VRayMtl 材质，并将其命名为"灯罩"，具体参数设置如图 8-53 所示，制作好的材质球效果如图 8-54 所示。

① 设置"漫反射"颜色为（红:251，绿:244，蓝:225）。

② 设置"折射"颜色为（红:50，绿:50，蓝:50），然后设置"光泽度"为 0.8、"折射率"为 1.2，接着勾选"影响阴影"选项。

图 8-52

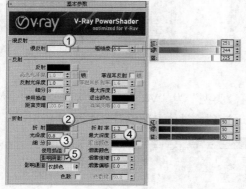

图 8-53

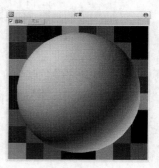

图 8-54

6. 制作白漆材质

白漆材质的模拟效果如图 8-55 所示。

选择一个空白材质球，设置材质类型为 VRayMtl 材质，并将其命名为"白漆"，具体参数设置如图 8-56 所示，制作好的材质球效果如图 8-57 所示。

① 设置"漫反射"颜色为（红:250，绿:250，蓝:250）。

② 设置"反射"颜色为（红:250，绿:250，蓝:250），然后设置"高光光泽度"为 0.9，接着勾选"菲涅耳反射"选项。

图 8-55

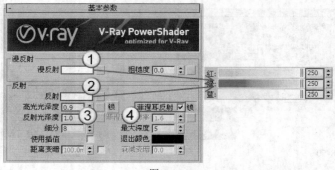

图 8-56

图 8-57

8.1.5 设置测试渲染参数

（1）按 F10 键打开"渲染设置"对话框，然后设置渲染器为 VRay 渲染器，接着在"公用参数"卷展栏下设置"宽度"为 600、"高度"为 393，最后单击"图像纵横比"选项后面的"锁定"按钮 ，锁定渲染图像的纵横比，具体参数设置如图 8-58 所示。

（2）单击"VR_基项"选项卡，然后在"图像采样器（抗锯齿）"卷展栏下设置"图像采样器"的"类型"为"固定"，接着在"抗锯齿过滤器"选项组下勾选"开启"选项，并设置过滤器类型为"区域"，具体参数设置如图 8-59 所示。

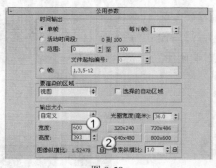

图 8-58

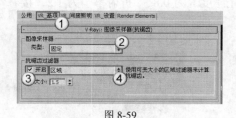

图 8-59

（3）展开"颜色映射"卷展栏，设置"类型"为"VR_指数"，接着勾选"子像素映射"和"钳制输出"选项，同时关闭"影响背景"选项，具体参数设置如图 8-60 所示。

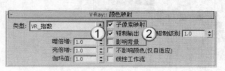

图 8-60

（4）单击"VR_间接照明"选项卡，然后在"间接照明（全局照明）"卷展栏下勾选"开启"选项，接着设置"首次反弹"的"全局光引擎"为"发光贴图"、"二次反弹"的"全局光引擎"为"灯光缓存"，具体参数设置如图 8-61 所示。

（5）展开"发光贴图"卷展栏，然后设置"当前预置"为"非常低"，接着设置"半球细分"为 50、"插值采样值"为 20，最后勾选"显示计算过程"和"显示直接照明"选项，具体参数设置如图 8-62 所示。

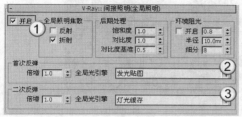 

图 8-61　　　　　　　　　　　　　　　　　图 8-62

（6）展开"灯光缓存"卷展栏，然后设置"细分"为 100，接着勾选"保存直接光"和"显示计算状态"选项，具体参数设置如图 8-63 所示。

（7）单击"VR_设置"选项卡，然后在"系统"卷展栏设置"区域排序"为"三角剖分"，接着关闭"显示信息窗口"选项，具体参数设置如图 8-64 所示。

 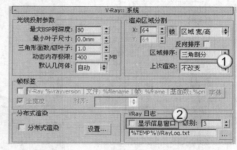

图 8-63　　　　　　　　　　　　　　　　　图 8-64

（8）按大键盘上的 8 键打开"环境和效果"对话框，然后展开"公用参数"卷展栏，接着在"环境贴图"通道中加载一张"VR_天空"环境贴图，如图 8-65 所示。

图 8-65

8.1.6　灯光设置

本场景的灯光布局很简单，只需要布置一盏阳光即可。

（1）设置灯光类型为 VRay，然后在前视图中创建一盏 VRay 太阳，其位置如图 8-66 所示。

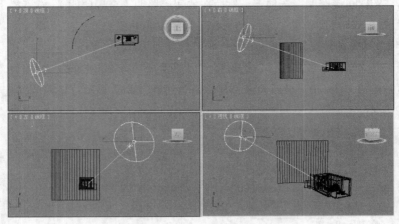

图 8-66

（2）选择上一步创建的 VRay 太阳，然后在"VR_太阳参数"卷展栏下设置"混浊度"为 2、"臭氧"为 0.35、"强度倍增"为 0.05、"尺寸倍增"为 3、"阴影细分"为 12，具体参数设置如图 8-67 所示。

（3）按 F9 键测试渲染当前场景，效果如图 8-68 所示。

图 8-67

图 8-68

8.1.7 设置最终渲染参数

（1）按 F10 键打开"渲染设置"对话框，然后在"公用参数"卷展栏下设置"宽度"为 1200、"高度"为 786，具体参数设置如图 8-69 所示。

图 8-69

（2）单击"VR_基项"选项卡，然后在"图像采样器（抗锯齿）"卷展栏下设置"图像采样器"的"类型"为"自适应 DMC"，接着在"抗锯齿过滤器"选项组下设置过滤器类型为Mitchell-Netravali，如图 8-70 所示。

（3）单击"VR_间接照明"选项卡，然后在"发光贴图"卷展栏下设置"当前预置"为"中"，接着设置"半球细分"为 60、"插值采样值"为 30，具体参数设置如图 8-71 所示。

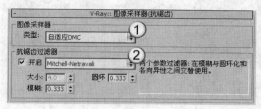

图 8-70

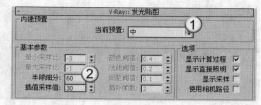

图 8-71

（4）展开"灯光缓存"卷展栏，然后设置"细分"为 1200，具体参数设置如图 8-72 所示。

（5）单击"VR_设置"选项卡，然后展开"DMC 采样器"卷展栏，接着设置"噪波阈值"为 0.005、"最少采样"为 15，具体参数设置如图 8-73 所示。

图 8-72

图 8-73

（6）按 F9 键渲染当前场景，最终效果如图 8-74 所示。

图 8-74

8.2 电梯厅的夜晚灯光表现

8.2.1 实例解析

就室内效果图制作而言，一般分为家装效果图和工装效果图。前面一个案例讲了家装效果图制作，本例就来讲解工装效果图制作。其实家装效果图和工装效果图没有本质的区别，使用的技术是完全一样的，最多就是在表现效果上有所区别。为了让大家学到更多的灯光处理技法，这里特意用夜景来进行表现。

【案例学习目标】掌握室内效果图制作的完整流程，案例效果如图 8-75 所示。

【案例知识要点】玻璃幕墙材质和沙发材质的制作方法，电梯厅夜晚灯光效果的表现方法。

【案例文件位置】第 8 章/案例文件/电梯厅的夜晚灯光表现/案例文件.max。

【视频教学位置】第 8 章/视频教学/电梯厅的夜晚灯光表现.flv。

图 8-75

8.2.2 制作吊灯模型

本例的难点模型是吊灯模型，如图 8-76 所示。

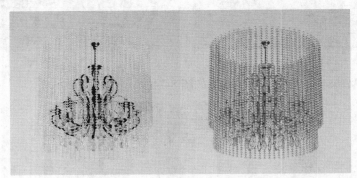

图 8-76

（1）使用"线"工具 线 在前视图中绘制一条图 8-77 所示的样条线。

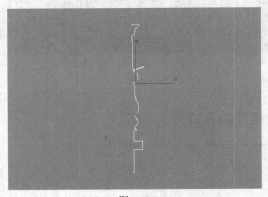

图 8-77

（2）为样条线加载一个"车削"修改器，然后在"参数"卷展栏下勾选"翻转法线"选项，接着设置"方向"为 y 轴、"对齐"方式为"最小" 最小 ，具体参数设置如图 8-78 所示，模型效果如图 8-79 所示。

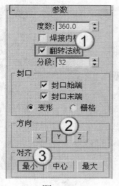

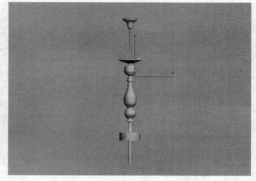

图 8-78　　　　　　　　　　　　　　　图 8-79

技巧与提示

　　如果这里不翻转模型的法线，则渲染出来的模型将会是黑色的（不管是否指定材质），如图
8-80 所示；而翻转法线以后，模型渲染出来就是正常的，如图 8-81 所示。

图 8-80　　　　　　　　　　　　　　　　图 8-81

　　（3）使用"线"工具　　线　　在前视图中绘制一条图 8-82 所示的样条线。这里提供一张
孤立选择图，如图 8-83 所示。

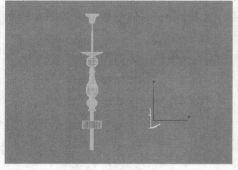
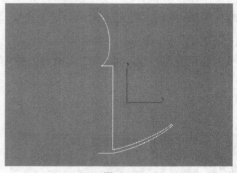

图 8-82　　　　　　　　　　　　　　　图 8-83

　　（4）为样条线加载一个"车削"修改器，然后在"参数"卷展栏下勾选"翻转法线"选
项，接着设置"方向"为 y 轴、"对齐"方式为"最小" 最小 ，具体参数设置及模型效果如
图 8-84 所示。

　　（5）继续使用"线"工具　　线　　在前视图中绘制一条图 8-85 所示的样条线，然后在"渲
染"卷展栏下勾选"在渲染中启用"和"在视口中启用"，接着勾选"矩形"选项，最后设置"长
度"和"宽度"为 12mm，如图 8-86 所示。

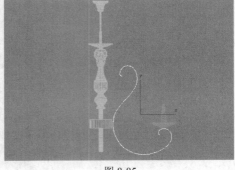

图 8-84   图 8-85

（6）使用"几何球体"工具 ▢几何球体 在场景中创建一个几何球体，然后在"参数"卷展栏下设置"半径"为 25.0mm、"分段"为 2，接着设置"基点面类型"为"二十面体"，最后关闭"平滑"选项，具体参数设置及模型位置如图 8-87 所示。

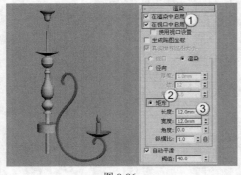

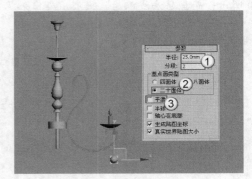

图 8-86   图 8-87

（7）为几何球体加载一个 FFD 2×2×2 修改器，然后进入"控制点"次物体层级，接着将其调整成图 8-88 所示的形状。

（8）使用"异面体"工具 ▢异面体 在场景中创建一个异面体，然后在"参数"卷展栏下设置"系列"为"立方体/八面体"，接着设置"半径"为 12mm，具体参数设置如图 8-89 所示，模型位置如图 8-90 所示。

（9）利用复制功能复制一些调整好的模型，完成后的效果如图 8-91 所示。

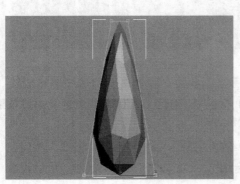

图 8-88   图 8-89

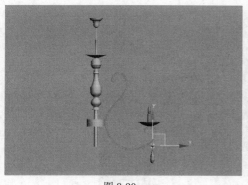

图 8-90

图 8-91

（10）按 Ctrl+A 组合键全选模型，然后执行"组/成组"菜单命令，为模型建立一个"组 001"，接着利用"仅影响轴"技术在顶视图中将"组 001"旋转复制 7 份，完成后的效果如图 8-92 所示，在透视图中的效果如图 8-93 所示。

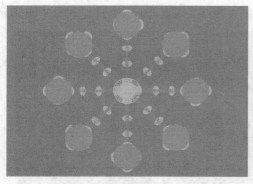

图 8-92

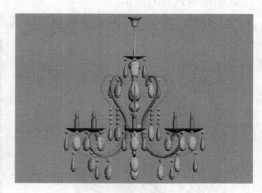

图 8-93

（11）采用相同的方法创建出其他的吊坠模型，完成后的效果如图 8-94 所示。

（12）继续使用"异面体"工具 围绕吊灯模型创建两圈珠帘模型，最终效果如图 8-95 所示。

图 8-94

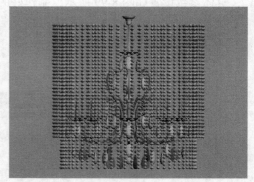

图 8-95

8.2.3 材质制作

本例的场景对象材质主要包含玻璃幕墙材质、大理石材质、沙发材质、镜子材质、水晶材质、咖啡纹材质和金属材质，如图 8-96 所示。

图 8-96

1. 制作玻璃幕墙材质

玻璃幕墙材质的模拟效果如图 8-97 所示。

（1）打开光盘中的"第 8 章/素材文件/电梯厅的夜晚灯光表现.max"文件，如图 8-98 所示。

图 8-97

图 8-98

（2）选择一个空白材质球，然后设置材质类型为 VRayMtl 材质，并将其命名为"玻璃幕墙"，具体参数设置如图 8-99 所示，制作好的材质球效果如图 8-100 所示。

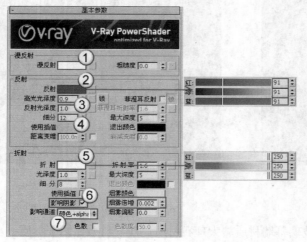

图 8-99

图 8-100

① 设置"漫反射"颜色为白色。

② 设置"反射"颜色为（红:91，绿:91，蓝:91），然后设置"高光光泽度"为 0.9、"细分"为 12。

③ 设置"折射"颜色为（红:250，绿:250，蓝:250），然后勾选"影响阴影"选项，并设置"影响通道"为"颜色+alpha"，接着设置"烟雾颜色"为（红:196，绿:223，蓝:197），最后设置"烟雾倍增"为 0.002。

2. 制作大理石材质

大理石材质的模拟效果如图 8-101 所示。

选择一个空白材质球，然后设置材质类型为 VRayMtl 材质，并将其命名为"大理石"，具体参数设置如图 8-102 所示，制作好的材质球效果如图 8-103 所示。

① 在"漫反射"贴图通道中加载一张光盘中的"实例文件>CH23>西米黄石.jpg"贴图文件，然后在"坐标"卷展栏下设置"模糊"为 0.3。

② 设置"反射"颜色（红:30，绿:30，蓝:30），然后设置"高光光泽度"为 0.85、"反射光泽度"为 0.95、"细分"为 12。

图 8-101

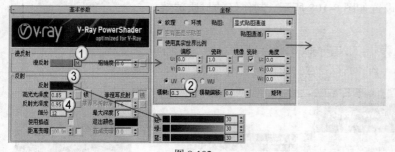

图 8-102

图 8-103

3. 制作沙发材质

沙发材质的模拟效果如图 8-104 所示。

选择一个空白材质球，然后设置材质类型为"标准"材质，并将其命名为"沙发"，具体参数设置如图 8-105 所示，制作好的材质球效果如图 8-106 所示。

① 展开"明暗器基本参数"卷展栏，然后设置明暗器类型为"（O）Oren-Nayar-Blinn"。

② 展开"Oren-Nayar-Blinn 基本参数"卷展栏，然后在"漫反射"贴图通道中加载一张光盘中的"实例文件>CH23>沙发绒布.jpg"贴图文件，接着在"坐标"卷展栏下设置"模糊"为 0.5。

图 8-104

③ 在"自发光"选项组下勾选"颜色"选项，然后在其贴图通道中加载一张"遮罩"程序贴图，展开"遮罩参数"卷展栏。接着在"贴图"通道中加载一张"衰减"程序贴图，展开"衰减参数"卷展栏，再设置"侧"通道的颜色为（红:220，绿:220，蓝:220），最后设置"衰减类型"

为 Fresnel；在"遮罩"通道中加载一张"衰减"程序贴图，然后在"衰减参数"卷展栏下设置"侧"通道的颜色为（红:220，绿:220，蓝:220），接着设置"衰减类型"为"阴影/灯光"。

④ 返回到"Oren-Nayar-Blinn 基本参数"卷展栏，然后在"高级漫反射"选项组下设置"粗糙度"为100，接着在"反射高光"选项组下设置"高光级别"为43、"光泽度"为13。

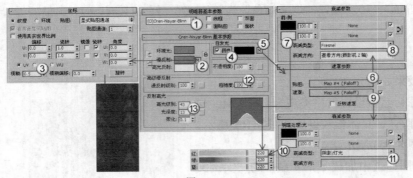

图 8-105

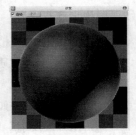

图 8-106

4. 制作镜子材质

镜子材质的模拟效果如图 8-107 所示。

选择一个空白材质球，然后设置材质类型为 VRayMtl 材质，并将其命名为"镜子"，具体参数设置如图 8-108 所示，制作好的材质球效果如图 8-109 所示。

① 设置"漫反射"颜色为（红:20，绿:20，蓝:20）。

② 设置"反射"颜色为（红:77，绿:77，蓝:77）。

图 8-107

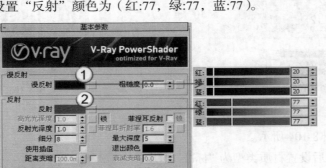

图 8-108

图 8-109

5. 制作水晶材质

水晶材质的模拟效果如图 8-110 所示。

图 8-110

选择一个空白材质球，然后设置材质类型为"标准"材质，并将其命名为"水晶"，接着设置"漫反射"颜色为白色、"不透明度"为15，具体参数设置如图8-111所示，制作好的材质球效果如图8-112所示。

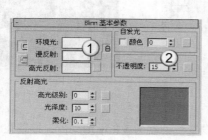

图 8-111

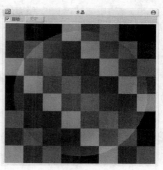

图 8-112

6. 制作咖啡纹材质

咖啡纹材质的模拟效果如图8-113所示。

选择一个空白材质球，然后设置材质类型为 VRayMtl 材质，并将其命名为"咖啡纹"，具体参数设置如图8-114所示，制作好的材质球效果如图8-115所示。

① 在"漫反射"贴图通道中加载一张光盘中的"实例文件>CH23>浅咖啡纹.jpg"贴图文件。

② 设置"反射"颜色为（红:30，绿:30，蓝:30），然后设置"高光光泽度"为 0.85、"反射光泽度"为 0.95、"细分"为12。

图 8-113

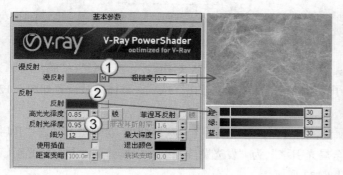

图 8-114

图 8-115

7. 制作金属材质

金属材质的模拟效果如图8-116所示。

选择一个空白材质球，然后设置材质类型为 VRayMtl 材质，并将其命名为"金属"，具体参数设置如图8-117所示，制作好的材质球效果如图8-118所示。

① 设置"漫反射"颜色为（红:196，绿:196，蓝:196）。

② 设置"反射"颜色为（红:158，绿:158，蓝:158），然后设置"反射光泽度"为 0.85、"细分"为12。

图 8-116

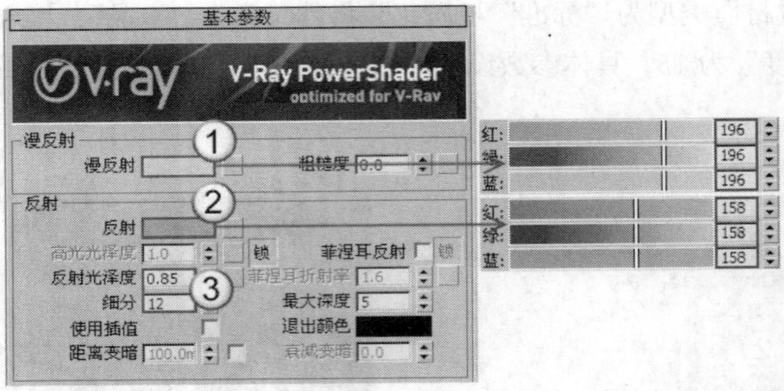

图 8-117

图 8-118

8.2.4 设置测试渲染参数

（1）按 F10 键打开"渲染设置"对话框，然后设置渲染器为 VRay 渲染器，接着在"公用参数"卷展栏下设置"宽度"为 600、"高度"为 360，最后单击"图像纵横比"选项后面的"锁定"按钮 🔒，锁定渲染图像的纵横比，具体参数设置如图 8-119 所示。

（2）单击"VR_基项"选项卡，然后在"图像采样器（抗锯齿）"卷展栏下设置"图像采样器"的"类型"为"固定"，接着在"抗锯齿过滤器"选项组下勾选"开启"选项，并设置过滤器类型为"区域"，具体参数设置如图 8-120 所示。

图 8-119

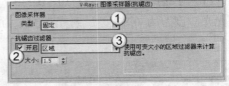

图 8-120

（3）展开"颜色映射"卷展栏，然后设置"类型"为"VR_指数"，接着设置"暗倍增"为 1.6、"亮倍增"为 2.2，最后勾选"子像素映射"和"钳制输出"选项，具体参数设置如图 8-121 所示。

（4）单击"VR_间接照明"选项卡，然后在"间接照明（全局照明）"卷展栏下勾选"开启"选项，接着设置"首次反弹"的"全局光引擎"为"发光贴图"、"二次反弹"的"全局光引擎"为"灯光缓存"，具体参数设置如图 8-122 所示。

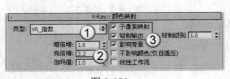

图 8-121

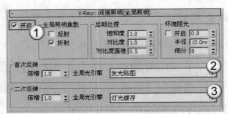

图 8-122

（5）展开"发光贴图"卷展栏，然后设置"当前预置"为"非常低"，接着设置"半球细分"为 50、"插值采样值"为 20，最后勾选"显示计算过程"和"显示直接照明"选项，具体参数设置如图 8-123 所示。

（6）展开"灯光缓存"卷展栏，然后设置"细分"为100，接着勾选"保存直接光"和"显示计算状态"选项，具体参数设置如图 8-124 所示。

图 8-123

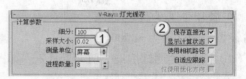

图 8-124

（7）单击"VR_设置"选项卡，然后在"系统"卷展栏下设置"区域排序"为"三角剖分"，接着关闭"显示信息窗口"选项，具体参数设置如图 8-125 所示。

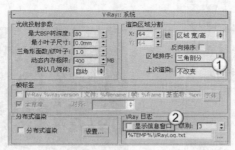

图 8-125

8.2.5 灯光设置

本例的灯光布局非常复杂，这也是本例的最难之处。本例共需要布置 4 处灯光，分别是射灯、吊灯、台灯以及灯带。

1. 创建射灯

（1）设置灯光类型为"光度学"，然后在前视图中创建 16 盏目标灯光，其位置如图 8-126 所示。

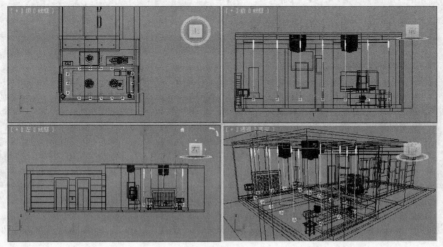

图 8-126

（2）选择上一步创建的目标灯光，然后切换到"修改"面板，具体参数设置如图 8-127 所示。

① 展开"常规参数"卷展栏，然后在"阴影"选项组下勾选"启用"选项，接着设置"阴影类型"为 VRayShadow（VRay 阴影），最后设置"灯光分布（类型）"为"光度学 Web"。

② 展开"分布（光度学 Web）"卷展栏，然后在其通道中加载一个光盘中的"实例文件>CH23>03.ies"光域网文件。

③ 展开"强度/颜色/衰减"卷展栏，然后设置"过滤颜色"为（红:255，绿:213，蓝:159），接着设置"强度"为 30000。

（3）按 F9 键测试渲染当前场景，效果如图 8-128 所示。

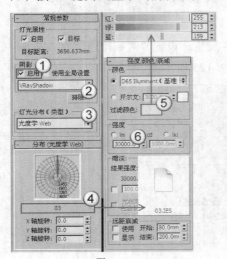
图 8-127

图 8-128

（4）在前视图中创建 5 盏目标灯光，其位置如图 8-129 所示。

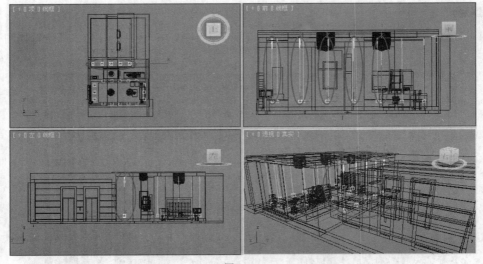
图 8-129

（5）选择上一步创建的目标灯光，然后切换到"修改"面板，具体参数设置如图 8-130 所示。

① 展开"常规参数"卷展栏，然后在"阴影"选项组下勾选"启用"选项，接着设置"阴影类型"为 VRayShadow（VRay 阴影），最后设置"灯光分布（类型）"为"光度学 Web"。

② 展开"分布（光度学 Web）"卷展栏，然后在其通道中加载一个光盘中的"实例文件>CH23>03.ies"光域网文件。

③ 展开"强度/颜色/衰减"卷展栏，然后设置"过滤颜色"为（红:255，绿:235，蓝:206），接着设置"强度"为 28000。

（6）按 F9 键测试渲染当前场景，效果如图 8-131 所示。

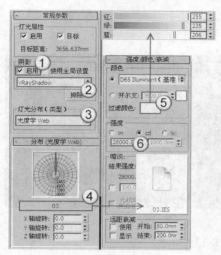

图 8-130

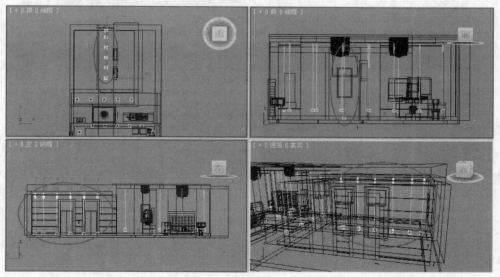

图 8-131

（7）在左视图中创建 6 盏目标灯光，其位置如图 8-132 所示。

图 8-132

（8）选择上一步创建的目标灯光，然后切换到"修改"面板，具体参数设置如图 8-133 所示。

① 展开"常规参数"卷展栏，然后在"阴影"选项组下勾选"启用"选项，接着设置"阴影类型"为 VRayShadow（VRay 阴影），最后设置"灯光分布（类型）"为"光度学 Web"。

② 展开"分布（光度学 Web）"卷展栏，然后在其通道中加载一个光盘中的"实例文件>CH23>29.ies"光域网文件。

③ 展开"强度/颜色/衰减"卷展栏，然后设置"过滤颜色"为（红:255，绿:231，蓝:201），接着设置"强度"为12000。

（9）按 F9 键测试渲染当前场景，效果如图 8-134 所示。

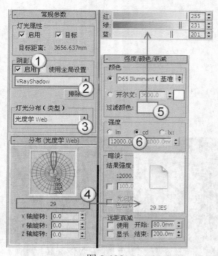

图 8-133

图 8-134

（10）在前视图中创建 3 盏目标灯光，其位置如图 8-135 所示。

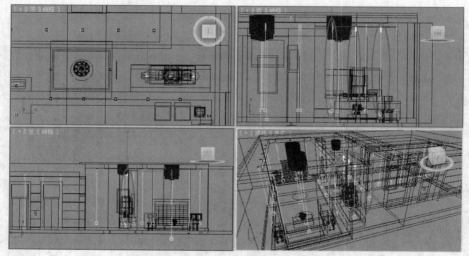

图 8-135

（11）选择上一步创建的目标灯光，然后切换到"修改"面板，具体参数设置如图 8-136 所示。

① 展开"常规参数"卷展栏，然后在"阴影"选项组下勾选"启用"选项，接着设置"阴影类型"为 VRayShadow（VRay 阴影），最后设置"灯光分布（类型）"为"光度学 Web"。

② 展开"分布（光度学 Web）"卷展栏，然后在其通道中加载一个光盘中的"实例文件>CH23>1.ies"光域网文件。

③ 展开"强度/颜色/衰减"卷展栏，然后设置"过滤颜色"为（红:255，绿:227，蓝:203），接着设置"强度"为4500。

（12）按 F9 键测试渲染当前场景，效果如图 8-137 所示。

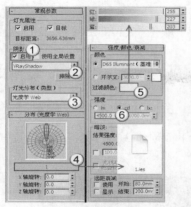

图 8-136   图 8-137

2. 创建吊灯

（1）设置灯光类型为 VRay，然后在 3 盏吊灯的灯罩内创建 3 盏 VRay 光源，其位置如图 8-138 所示。

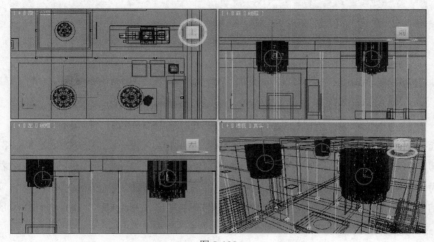

图 8-138

（2）选择上一步创建的 VRay 光源，然后展开"参数"卷展栏，具体参数设置如图 8-139 所示。

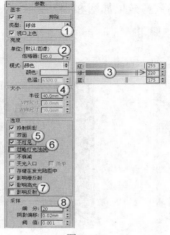

图 8-139

① 在"基本"选项组下设置"类型"为"球体"。

② 在"亮度"选项组下设置"倍增器"为 90，然后设置"颜色"为（红:255，绿:220，蓝:175）。

③ 在"大小"选项组下设置"半径"为 40mm。

④ 在"选项"选项组下勾选"不可见"选项，然后关闭"忽略灯光法线"和"影响反射"选项。

⑤ 在"采样"选项组下设置"细分"为 20。

（3）设置灯光类型为"光度学"，然后在 3 盏吊灯的下面创建 3 盏目标灯光，其位置如图 8-140 所示。

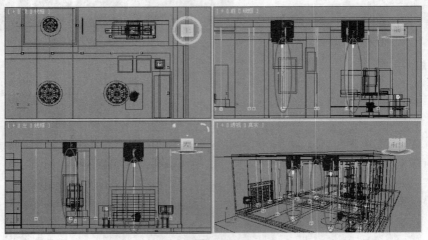

图 8-140

（4）选择上一步创建的目标灯光，然后切换到"修改"面板，具体参数设置如图 8-141 所示。

① 展开"常规参数"卷展栏，然后在"阴影"选项组下勾选"启用"选项，接着设置"阴影类型"为 VRayShadow（VRay 阴影），最后设置"灯光分布（类型）"为"光度学 Web"。

② 展开"分布（光度学 Web）"卷展栏，然后在其通道中加载一个光盘中的"实例文件>CH23>29.ies"光域网文件。

③ 展开"强度/颜色/衰减"卷展栏，然后设置"过滤颜色"为（红:255，绿:183，蓝:106），接着设置"强度"为 12000。

（5）按 F9 键测试渲染当前场景，效果如图 8-142 所示。

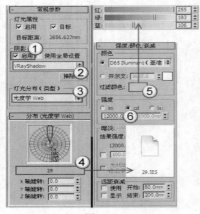

图 8-141

图 8-142

3. 创建台灯

（1）设置灯光类型为 VRay，然后在左视图中创建两盏 VRay 光源（放在台灯的灯罩内），其位置如图 8-143 所示。

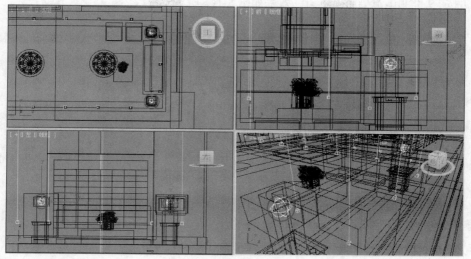

图 8-143

（2）选择上一步创建的 VRay 光源，然后展开"参数"卷展栏，具体参数设置如图 8-144 所示。

① 在"基本"选项组下设置"类型"为"球体"。

② 在"亮度"选项组下设置"倍增器"为 55，然后设置"颜色"为（红:255，绿:220，蓝:175）。

③ 在"大小"选项组下设置"半径"为 80mm。

④ 在"选项"选项组下勾选"不可见"选项，然后关闭"忽略灯光法线"选项。

⑤ 在"采样"选项组下设置"细分"为 20。

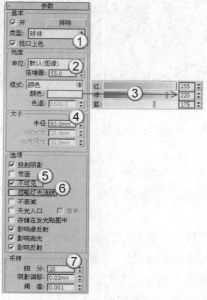

图 8-144

技巧与提示

　　由于台灯与吊灯的参数设置没有多大差别，因此可以直接复制吊灯来进行修改即可。注意，在复制时只能选择"复制"方式，不能选择"实例"方式。

　　（3）按 F9 键测试渲染当前场景，效果如图 8-145 所示。

图 8-145

4. 创建灯带

　　（1）在顶视图中创建一盏 VRay 光源，其位置如图 8-146 所示。

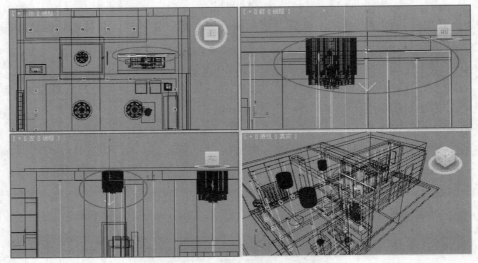

图 8-146

　　（2）选择上一步创建的 VRay 光源，然后展开"参数"卷展栏，具体参数设置如图 8-147 所示。

　　① 在"基本"选项组下设置"类型"为"平面"。

　　② 在"亮度"选项组下设置"倍增器"为 5，然后设置"颜色"为（红:255，绿:216，蓝:175）。

　　③ 在"大小"选项组下设置"半长度"为 1637mm、"半宽度"为 80mm。

　　④ 在"选项"选项组下勾选"不可见"选项，然后关闭"忽略灯光法线"选项。

　　⑤ 在"采样"选项组下设置"细分"为 12。

　　（3）按 F9 键测试渲染当前场景，效果如图 8-148 所示。

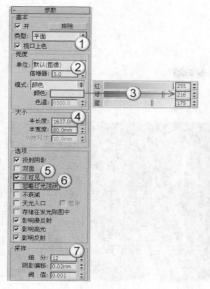

图 8-147

图 8-148

（4）在左视图中创建两盏 VRay 光源（需要调整角度），其位置如图 8-149 所示。

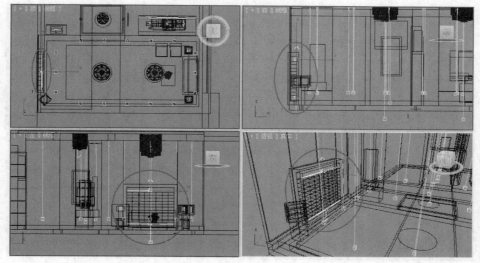

图 8-149

（5）选择上一步创建的 VRay 光源，然后展开"参数"卷展栏，具体参数设置如图 8-150 所示。

① 在"基本"选项组下设置"类型"为"平面"。

② 在"亮度"选项组下设置"倍增器"为 5，然后设置"颜色"为（红:255，绿:173，蓝:85）。

③ 在"大小"选项组下设置"半长度"为 1068mm、"半宽度"为 30mm。

④ 在"选项"选项组下勾选"不可见"选项，然后关闭"忽略灯光法线"选项。

⑤ 在"采样"选项组下设置"细分"为 12。

（6）按 F9 键测试渲染当前场景，效果如图 8-151 所示。

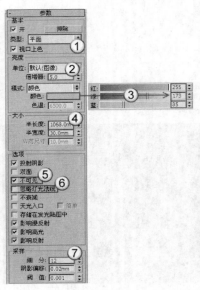

图 8-150　　　　　　　　　　　　　　图 8-151

（7）在顶视图中创建 4 盏 VRay 光源，其位置如图 8-152 所示。

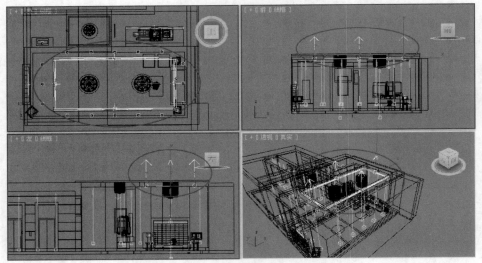

图 8-152

（8）选择上一步创建的 VRay 光源，然后展开"参数"卷展栏，具体参数设置如图 8-153 所示。

① 在"基本"选项组下设置"类型"为"平面"。

② 在"亮度"选项组下设置"倍增器"为 3.5，然后设置"颜色"为（红:255，绿:181，蓝:84）。

③ 在"大小"选项组下设置"半长度"为 3534mm、"半宽度"为 70mm。

④ 在"选项"选项组下勾选"不可见"选项，然后关闭"忽略灯光法线"选项。

⑤ 在"采样"选项组下设置"细分"为 12。

（9）按 F9 键测试渲染当前场景，效果如图 8-154 所示。

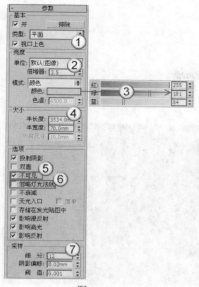

图 8-153

图 8-154

（10）继续在顶视图中创建 4 盏 VRay 光源，其位置如图 8-155 所示。

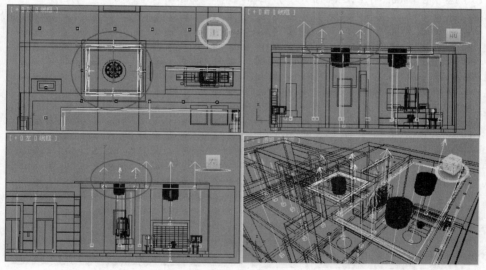

图 8-155

（11）选择上一步创建的 VRay 光源，然后展开"参数"卷展栏，具体参数设置如图 8-156 所示。

① 在"基本"选项组下设置"类型"为"平面"。

② 在"亮度"选项组下设置"倍增器"为 3，然后设置"颜色"为（红:255，绿:185，蓝:95）。

③ 在"大小"选项组下设置"半长度"为 2659mm、"半宽度"为 70mm。

④ 在"选项"选项组下勾选"不可见"选项，然后关闭"忽略灯光法线"选项。

⑤ 在"采样"选项组下设置"细分"为 12。

（12）按 F9 键测试渲染当前场景，效果如图 8-157 所示。

图 8-156   图 8-157

（13）继续在顶视图中创建两盏 VRay 光源，其位置如图 8-158 所示。

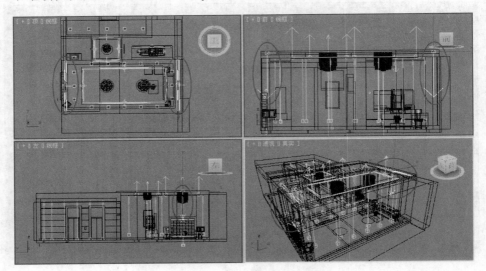

图 8-158

（14）选择上一步创建的 VRay 光源，然后展开"参数"卷展栏，具体参数设置如图 8-159 所示。

① 在"基本"选项组下设置"类型"为"平面"。

② 在"亮度"选项组下设置"倍增器"为 3，然后设置"颜色"为（红:255，绿:185，蓝:95）。

③ 在"大小"选项组下设置"半长度"为 5336mm、"半宽度"为 100mm。

④ 在"选项"选项组下勾选"不可见"选项，然后关闭"忽略灯光法线"选项。

⑤ 在"采样"选项组下设置"细分"为 12。

（15）按 F9 键测试渲染当前场景，效果如图 8-160 所示。

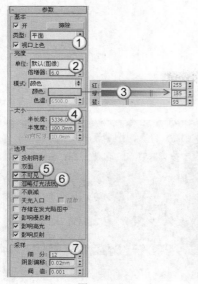

图 8-159 图 8-160

（16）继续在顶视图中创建 4 盏 VRay 光源，其位置如图 8-161 所示。

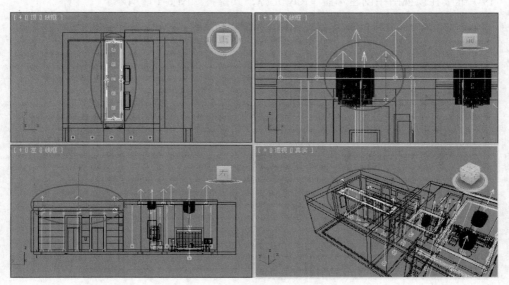

图 8-161

（17）选择上一步创建的 VRay 光源，然后展开"参数"卷展栏，具体参数设置如图 8-162 所示。

① 在"基本"选项组下设置"类型"为"平面"。

② 在"亮度"选项组下设置"倍增器"为 5，然后设置"颜色"为（红:255，绿:211，蓝:154）。

③ 在"大小"选项组下设置"半长度"为 2659mm、"半宽度"为 70mm。

④ 在"选项"选项组下勾选"不可见"选项，然后关闭"忽略灯光法线"选项。

⑤ 在"采样"选项组下设置"细分"为 12。

（18）按 F9 键测试渲染当前场景，效果如图 8-163 所示。

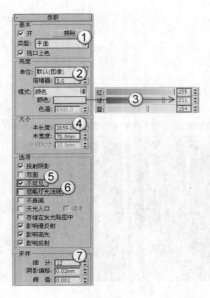

图 8-162 | 图 8-163

（19）继续在顶视图中创建 4 盏 VRay 光源，其位置如图 8-164 所示。

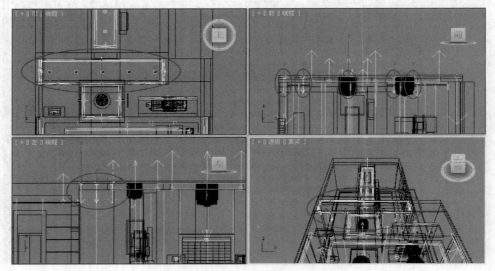

图 8-164

（20）选择上一步创建的 VRay 光源，然后展开"参数"卷展栏，具体参数设置如图 8-165 所示。

① 在"基本"选项组下设置"类型"为"平面"。

② 在"亮度"选项组下设置"倍增器"为 5，然后设置"颜色"为（红:255，绿:185，蓝:95）。

③ 在"大小"选项组下设置"半长度"为 1837mm、"半宽度"为 60mm。

④ 在"选项"选项组下勾选"不可见"选项，然后关闭"忽略灯光法线"选项。

⑤ 在"采样"选项组下设置"细分"为 12。

（21）按 F9 键测试渲染当前场景，效果如图 8-166 所示。

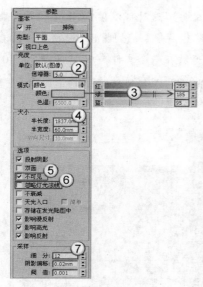

图 8-165

图 8-166

知识点——追踪场景资源

　　这里要讲解一个在实际工作中非常实用的技术，即追踪场景资源技术。在打开一个场景文件时，往往会缺失贴图、光域网文件。比如，用户在创建本例的灯光时，可能会遇到测试渲染效果与书中给出的测试效果不相同，因此需要打开本例的实例文件来进行查看，并进行测试渲染。但是在打开实例文件时，很可能会弹出一个对话框，提醒用户缺少外部文件，如图 8-167 所示。造成这种情况的原因是移动了实例文件或贴图文件的位置（比如将其从 D 盘移动到了 E 盘），造成 3ds Max 无法自动识别文件路径。遇到这种情况可以先单击"继续"按钮 继续 ，然后再查找缺失的文件。

图 8-167

　　补齐缺失文件的方法有两种，下面详细介绍一下。请用户千万注意，这两种方法都是基于贴图和光域网等文件没有被删除的情况下。

　　第 1 种：逐个在"材质编辑器"对话框中的各个材质通道中将贴图路径重新链接好，光域网文件在灯光设置面板中进行链接。这种方法非常繁琐，一般情况下不会使用。

　　第 2 种：单击界面左上角的"应用程序"图标 ，然后在弹出的菜单中执行"属性→资源追踪"菜单命令（或按 Shift+T 组合键）打开"资源追踪"对话框，如图 8-168 所示。在该对话框中可以观察到缺失了那些贴图文件或光域网（光度学）文件。这时可以按住 Shift 键全选缺失的文件，然后单击鼠标右键，在弹出的菜单中选择"设置路径"命令，如图 8-169 所示，接着在弹出的对话框中链接好文件路径（贴图和光域网等文件最好放在一个文件夹中），如图 8-170 所示。链接好文件路径以后，有些文件可能仍然显示缺失，这是因为在前期制作中可能有多余的文件，3ds Max 保留了下来，只要场景贴图齐备即可，如图 8-171 所示。

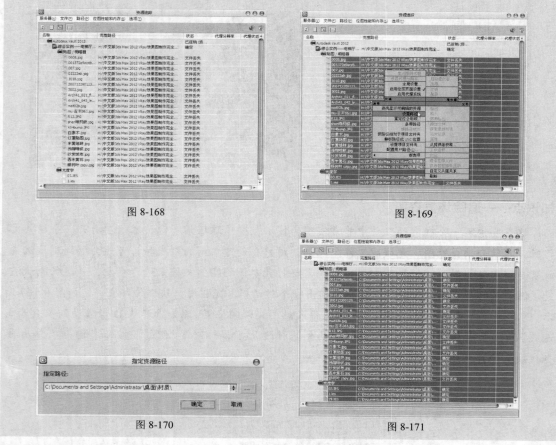

图 8-168

图 8-169

图 8-170

图 8-171

8.2.6 设置最终渲染参数

（1）按 F10 键打开"渲染设置"对话框，然后在"公用参数"卷展栏下设置"宽度"为 1200、"高度"为 720，具体参数设置如图 8-172 所示。

图 8-172

（2）单击"VR_基项"选项卡，然后在"图像采样器（抗锯齿）"卷展栏下设置"图像采样器"的"类型"为"自适应 DMC"，接着在"抗锯齿过滤器"选项组下设置过滤器类型为 Mitchell-Netravali，具体参数设置如图 8-173 所示。

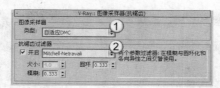

图 8-173

（3）单击"VR_间接照明"选项卡，然后在"发光贴图"卷展栏下设置"当前预置"为"低"，接着设置"半球细分"为 60、"插值采样值"为 30，具体参数设置如图 8-174 所示。

图 8-174

（4）展开"灯光缓存"卷展栏，然后设置"细分"为 1200，具体参数设置如图 8-175 所示。

图 8-175

（5）单击"VR_设置"选项卡，然后展开"DMC 采样器"卷展栏，接着设置"噪波阈值"为 0.005、"最少采样"为 12，具体参数设置如图 8-176 所示。

图 8-176

（6）按 F9 键渲染当前场景，最终效果如图 8-177 所示。

图 8-177

【课堂练习 1】——中式卧室日景效果

【案例学习目标】掌握室内效果图制作的完整流程，案例效果如图 8-178 所示。

【案例知识要点】练习 VRay 灯光、VRay 材质和 VRay 渲染参数的设置方法。

【素材文件位置】第 8 章/素材文件/课堂练习 1——中式卧室日景效果.max。

【案例文件位置】第 8 章/案例文件/课堂练习 1——中式卧室日景效果/案例文件.max。

【视频教学位置】第 8 章/视频教学/课堂练习 1——中式卧室日景效果.flv。

图 8-178

【课堂练习 2】——办公室自然光表现

【案例学习目标】掌握室内效果图制作的完整流程，案例效果如图 8-179 所示。

【案例知识要点】练习 VRay 灯光、VRay 材质和 VRay 渲染参数的设置方法。

【素材文件位置】第 8 章/素材文件/课堂练习 2——办公室自然光表现.max。

【案例文件位置】第 8 章/案例文件/课堂练习 2——办公室自然光表现/案例文件.max。

【视频教学位置】第 8 章/视频教学/课堂练习 2——办公室自然光表现.flv。

图 8-179

8.3 本章小结

本章主要通过一些案例来对前面所学的技术进行巩固和应用。效果图制作是一门实战性很强的课程，要提高制作水平必须依靠大量的项目实践，所以本章通过这些案例引导读者进行商业实践，为今后进一步提高效果图制作水平打下坚实的基础。

【课后练习 1】——现代卧室朦胧日景效果

【案例学习目标】掌握室内效果图制作的完整流程，案例效果如图 8-180 所示。

【案例知识要点】练习 VRay 灯光、VRay 材质和 VRay 渲染参数的设置方法。

【素材文件位置】第 8 章/素材文件/课后练习 1——现代卧室朦胧日景效果.max。

【案例文件位置】第 8 章/案例文件/课后练习 1——现代卧室朦胧日景效果/案例文件.max。

【视频教学位置】第 8 章/视频教学/课后练习 1——现代卧室朦胧日景效果.flv。

图 8-180

【课后练习 2】——接待室日光表现

【案例学习目标】掌握室内效果图制作的完整流程，案例效果如图 8-181 所示。

【案例知识要点】练习 VRay 灯光、VRay 材质和 VRay 渲染参数的设置方法。

【素材文件位置】第 8 章/素材文件/课后练习 2——接待室日光表现.max。

【案例文件位置】第 8 章/案例文件/课后练习 2——接待室日光表现/案例文件.max。

【视频教学位置】第 8 章/视频教学/课后练习 2——接待室日光表现.flv。

图 8-181